成长也是一种美好

这是我在你内心深处找到的东西

精神分析师与无意识的精彩对话

[法] 简-大卫·纳索 著
汪颖婷 译

Oui, la psychanalyse guérit !

人民邮电出版社
北京

图书在版编目（CIP）数据

这是我在你内心深处找到的东西 ：精神分析师与无意识的精彩对话 / （法）简-大卫·纳索著 ；汪颖婷译. -- 北京 ：人民邮电出版社，2023.1（2023.9重印）
ISBN 978-7-115-60348-7

Ⅰ. ①这… Ⅱ. ①简… ②汪… Ⅲ. ①心理咨询－通俗读物 Ⅳ. ①B849.1-49

中国版本图书馆CIP数据核字(2022)第199964号

◆著 [法]简-大卫·纳索
译 汪颖婷
责任编辑 张渝涓
责任印制 周昇亮
◆人民邮电出版社出版发行 北京市丰台区成寿寺路11号
邮编 100164 电子邮件 315@ptpress.com.cn
网址 https://www.ptpress.com.cn
天津千鹤文化传播有限公司印刷
◆开本：880×1230 1/32
印张：5.75 2023年1月第1版
字数：100千字 2023年9月天津第2次印刷

著作权合同登记号 图字：01-2022-4738号

定 价：59.80元

读者服务热线：（010）81055522 印装质量热线：（010）81055316
反盗版热线：（010）81055315
广告经营许可证：京东市监广登字20170147号

被治愈，就是知道如何面对意料之外的事情——无论是多么大的悲剧——并且能恢复行动力。

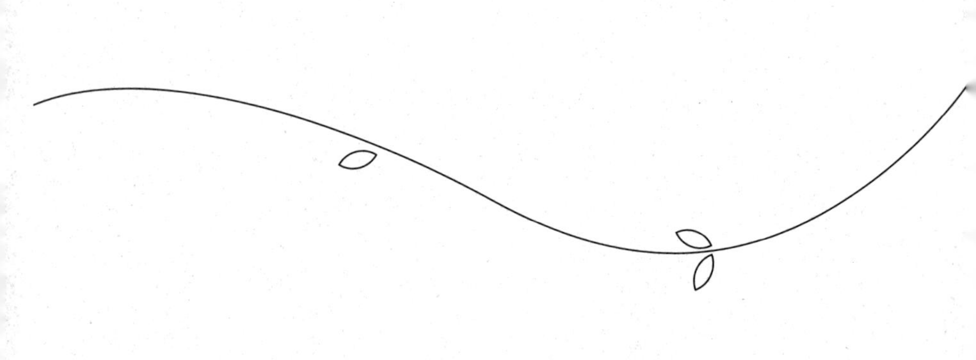

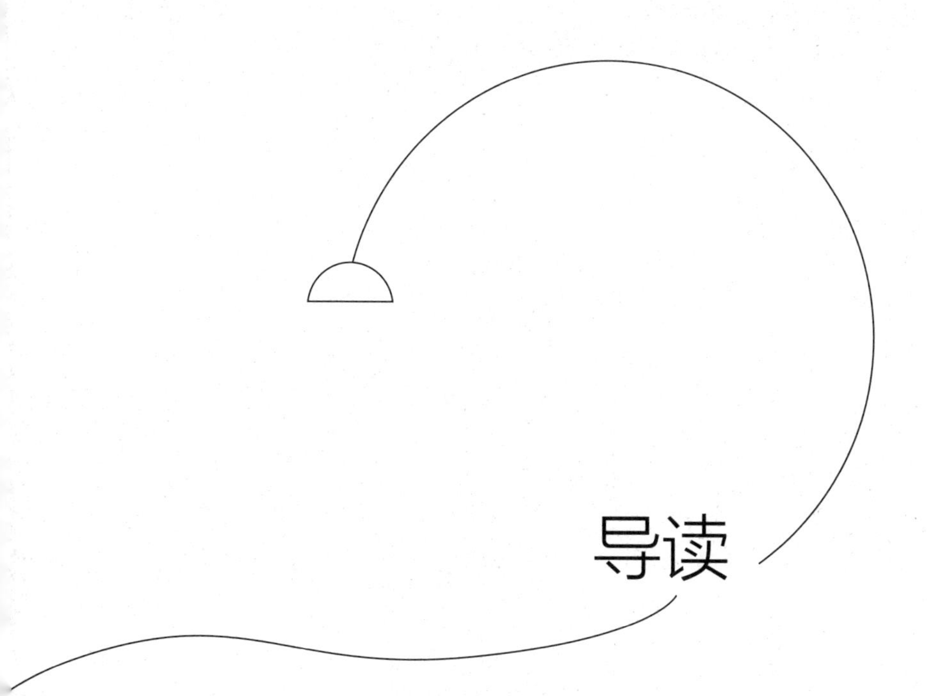

导读

在内心深处的相遇，让治愈发生

心理咨询是如何改变人的？治愈在什么情况下才可能发生？精神分析的长程治疗在当下这个快速变化的时代是否还有其治疗意义？这是很多来访者在想要进行心理咨询或心理分析时常见的心理困惑。

法国巴黎精神分析协会主席简－大卫·纳索在《这是我在你内心深处找到的东西：精神分析师与无意识的精彩对话》这本书中，将自己近 50 年的心理咨询临床经验呈现在读者面前，用清晰且结构化的表达，告诉读者分析性的治疗是如何作用于来访者的，让我有种如获至宝的感觉。

从事精神分析的临床工作需要掌握的相关理论繁多而复杂，需要阅读的文献也非常晦涩难懂，并且很多人在学习训练初期也很难将理论运用于实践。在我看来理论与实践需要反复交叉验证，最终才会融入一个精神分析师的人格，在其与来访者的无意识工作中被见证。

简－大卫·纳索的这部著作却给了我一种完全不一样的感觉，让我认知到原来精神分析也可以按照某种结构去操作，即他在书中提到的精神分析的五步法。这五步可以帮助心理咨询师抵达来访者的无意识，最终通过解释修复创伤，让来访者获得治愈与修通。

简－大卫·纳索提出精神分析师要使用“工具性的无意识”，这让我想起我在接受精神分析培训时，曾奇峰老师曾说，真正成功的治疗，除了治疗设置、治疗技术，其实最关键的起效因子是治疗师（后称精神分析师）这个角色。精神分析师本身就是一个“工具”，作为一种“容器”，一种可以给予来访者温暖、稳定的存在，他的倾听的态度、不含诱惑的深情、不带敌意的坚决，在有保护的空间里，让爱与恨浮出无意识的海洋。所以，精神分析的工作，是让生命抵达生命。

精神分析中的倾听是在听什么？是来访者的情感冲突、内在需要、愿望及梦，是从精神分析师的无意识走向来访者的无意识，让来访者的无意识走向精神分析师的无意识。那么，如何去倾听？简－大卫·纳索根据自己的经验总结了一个共分五步的过程：观察、理解、倾听本身、精神分析师认同幻想中孩子的情绪、解释。在这篇导读中，我也想尝试结合自身的经验，带领大家去感受精神分析的艺术与魅力。

从来访者走进咨询室的那一刻开始，精神分析就已经开始了：来访者会带来哪些无意识的语言呢？他的表情是紧张慌乱的、麻木的，还是悲伤的？身体是僵硬的，还是放松的？是素颜的还是经过精心打扮的？头发是凌乱的还是整洁的？他的坐姿是前倾的，还是靠后的？态度是有点挑衅的，还是讨好的？他在进行目光交流时是大方的，还是躲闪的？他的穿着打扮是与他的年龄身份相符的，还是不太一致的？他的声音是低沉的还是亢奋的？这些既是来访者给精神分析师的印象，也是精神分析师透过分析的眼光观察到的。从这些观察到的素材中，精神分析师已经开始对来访者做出某种假设，并且带着假设与疑问展开与来访者的对话。

来访者的这些非语言的信息是他内在心理现象的延伸。比如我的一位女性来访者在第一次来到咨询室时穿着不太合身的深绿色西装，看起来有几分老成；而在中间谈恋爱的阶段，她会穿超短裙，打扮得很青春；在跳槽成为部门主管后，她的穿着变得更有品位且职业化；在开始一段真正稳定的亲密关系后，她的穿着开始变得更有女人味，但又透着干练。这一系列的变化，其实都可以成为被分析的内容，深绿色或许意味着特别压抑、生活没有色彩，青春的装扮是为了迎合男友的喜好，在升职后她则变得更为独立了，等等。我带着好奇，与来访者一起探索她的内在，也在同时观察我自己的内在世界，比如我是否喜欢她的变化，她想要在我面前表达什么？这就是第二步——理解。

接下来，就进入了第三步——倾听本身。倾听包括两个方向，一是倾听外在，即来访者表达了什么；二是倾听内在，即我听见了什么，我感受到了什么。比如一个女性来访者因为丈夫出轨来寻求帮助，她发现自己投入那么多心血经营的令人羡慕的“美好”家庭原来都只是幻象，她感到自己的人生很可笑。此时我会听到她内心的冲突。一方面，家庭几乎是她人生的全部，她坚守的东西被摧毁了，她的人生投资在这一刻似乎一下子归零了；另一方面，似乎这段关系中也曾经有很多美好的东西，同时她又因为沉没成本有着非常多的不甘心。另外，她还有面对未来不确定性的恐惧，以及对自己的不自信等。她渴望回到过去夫妻俩无话不谈的生活状态，希望自己能变得坚强，可以挺过这场危机。虽然她当下有些不知所措，不知道该如何面对与处理这段关系，是选择离开还是共同面对、重建信任等，但我还可以倾听到她的情感内容，有惋惜、懊悔，也有难过、羞耻、愤怒、无助、怨恨等。精神分析师把这些听到的内容，用来访者的语言表述出来，帮助来访者发现她自己没有意识到的内容，从混乱与无序中走出来，从而做出某些改变。

精神分析师与来访者之间的关系类似于母婴关系，而实际上，在咨询室中同时存在三种平行关系：来访者现实生活中与其他人物之间的关系、精神分析师与来访者之间的关系以及内在客体关系（来访者在早年与重要客体的关系）。精神分析师在咨询中的移情与反移情，就是在体验来访者的内在客体关系以及精神分析师被来访者激活的自己的内在关系与冲突。被充分分析过的精神分析师，有能力在这些复杂的情感中区分哪些内容是来访者自己的，哪些内容是来访者给分析师带来的。精神分析师作为理想化的母亲对幻想中的孩子的情绪进行认同，这就是倾听的第四步。

创伤发生在过去，来访者也因此被固着在过去。精神分析师可以陪着来访者重新回到创伤的发生地去见证，去与来访者一起体验那些痛苦的情绪。此时，来访者不再恐惧，因为他所经历的痛苦被一个值得信任的人所见证、支持、理解与共情，他有了与早年经历不一样的情感体验，此时领悟与修通才成为可能。

在此时此地，我会给予来访者解释，或者也叫诠释，这是精神分析的精髓，也是最困难的部分。因为在观察、理解、倾听、共情的基础上，才能做出解释。如果精神分析师过早或过快地给出解释，来访者就很难有所领悟，或者会否认解释。另外，还有一种情况是解释不到位，来访者的无意识无法接受或不认同。当然，精神分析师的很多解释只是一种可能性，越表达不确定，越能引发来访者的自由联想。在我看来，这也是可分析的空间，这个空间可以容纳那些天马行空的无意识内容。有时精神分析师需要小心翼翼地与来访者共同寻找解释的正确方向，就像在搜山间路。这样双方可以就同一问题从不同方向做出解释，不断地澄清、面质，从而将混乱的无意识内容变得更有逻辑性、更结构化、更加清晰。

简–大卫·纳索认为“解释是不断收割无意识成熟的果实”，他把解释分成两大类，一类是说明性解释，另一类是创造性解释。

说明性解释是思索的结果，它的目的是清楚地传达来访者模糊知道的事情。比如来访者带着生活中的混乱来到咨询室，只是感到痛苦，却并不清楚令他痛苦的究竟是什么。有的来访者可能只是需要精神分析师的在场与陪伴，需要感到安全，这样他就可以展开自我分析，在讲述自己的故事的过程中，其思路就会越来越清晰。当然，精神分析师可能内心已经有了某些解释，但如果能够让来访者自己去表达，其领悟可能会更深刻，来访者也会产生更大的改变。

说明性解释会将来访者当下的痛苦与冲突与过去关联，让来访者以联系、连续、发展的眼光了解自己，并且将那些被来访者忽略、忽视或逃避的内容以某种方式呈现。用于解释、分析的素材往往来自来访者那些不自主的表现，包括自动化的思维、无意识内容，还有病理性的表现以及可转移的情感，也就是移情表现，等等。

简－大卫·纳索在书中用了大量篇幅阐述创造性解释的精妙之处。创造性解释包括叙述性解释、拟人性解释、动作性解释以及主观性纠正（或者叫纠正性解释）四种新变体。接下来，我会结合我与来访者工作的经验，用更让中国人感到熟悉的语境展开解释这四种新变体。

叙述性解释就是通过故事或隐喻的方式帮助来访者理解其内心世界。比如有位女性来访者讲到了自己的焦虑，她说自己每天恨不得把每一分钟“掰成两半”用，只要浪费了时间，她内心就极度不安，她不能允许自己停下来。我向她讲了一个“无足鸟”的隐喻，这种鸟会耗尽一生一直飞行，一辈子都不会停下来，它一生只能停止飞行一次，就是它死亡的时候。而这位来访者就像那个“无足鸟”，不能让自己停下来。听到这个解释，来访者感觉它非常贴切地反映了自己当下的生活状态。

她在谈到亲密关系时，表现出非常强烈的分离焦虑，她尤其害怕男友在她睡着时离开。她对男友说，如果早上他要去上班时自己还在熟睡，一定要叫醒她。来访者讲述了她小时候被送到姥姥家的故事。当时母亲只能一个月来看她一次，因为害怕她哭闹，每次走的时候都是等她睡着后悄悄地离开。在这个故事中我会帮助她把那些未被表达的情感补充进去：当你醒来，发现妈妈不见了，你感到非常害怕，会想“妈妈怎么就消失了”“她还会回来吗”，你多么渴望在妈妈温暖的怀抱中再多待一会儿，再闻闻妈妈身上的味道，听听她的喃喃细语。你哭喊着找妈妈，姥姥努力哄你，告诉你妈妈还会回来……

拟人性解释则会用拟人化的表达呈现来访者的内心世界。曾经有一位女性来访者在咨询中提到了她的那只猫：她情绪不好时就会对猫发脾气，猫则会出于报复在家里的床上、沙发上撒尿，这让她很伤心。当她尝试体会猫的感受时，她说，猫也会感到委屈，被这样粗暴地对待也会很难过，她开始变得更有耐心。当她能够善待猫的时候，她也就学会了如何善待自己。

另外，在与来访者开展与“梦”相关的工作时，我会采用一种自居的方式，这也是一种拟人性解释。什么是“自居”，就是回到梦境中，把自己当作梦中出现的某个无生命的东西，尝试说出它想要说的内容。梦中出现的所有人或物都是人心灵世界的影子，都与自己有关。比如，你的梦中出现了一个枯井，你可以想象一下，这个枯井想要说些什么？它可能会说，自己的内在多么干涸、匮乏，自己是没有价值的，是被人遗忘、遗弃的，它是孤独、寂寞的，它在等待着被充盈，等等。

在使用拟人性解释时，我会向来访者表达认同，向他的内在小孩表达认同，或者向他的重要养育人表达认同，并且用他们的语言进行解释。这也会扩展来访者的视角，让其感觉曾经遭受的痛苦被人理解，或者换个角度，看到当年父母的不容易及局限性，甚至可以帮助当年受过伤害的孩子表达对父母的愤怒等。

动作性解释其实在很多心理治疗技术中都有广泛应用，所以说精神分析是大多数心理治疗技术的源头。在家庭治疗中，精神分析师也会使用家庭雕塑来呈现来访者的关系模式：他愿意离谁更近一些，离谁更远一些，他愿意面对这个人还是背对这个人，他的感受是什么，此时他想对这个人说些什么，等等。家庭治疗师萨提亚女士提到的四种不良的沟通姿态，是用身体雕塑来呈现两个人之间的互动模式，通过身体动作来感受和体会指责、讨好、超理智、打岔等沟通姿态体现的问题。当然，戏剧治疗、舞动治疗等都是在透过行动进行创造性解释。

精神分析师通常都是基于假设给出解释，解释中会有着非常多的不确定性，而在分析过程中，最可怕的是精神分析师表现出来的确定感，这往往是精神分析师的自恋的表现。分析给出的解释只是一种可能性，这种可能性会给来访者带来不同的体验，同时也会给来访者带来不一样的视角。解释是否正确其实并不重要，重要的是根据来访者的反应，精神分析师所做出的纠正性解释。在认知层面，精神分析师可能会通过纠正性解释挑战来访者某些固化的思维、不合理的信念，比如来访者认为自己患抑郁症是羞耻的，父母对我再不好我也不应该恨他们，等等。这些限制性想法来自超我[①]的束缚，它会压抑人的内在需要与情感，让人极度不自由。

每个来访者都是唯一的，精神分析师需要在每一步的咨询中全身心地投入、倾听与交流。除了上面所提到倾听与解释的方法，想要成为精神分析师还需要具备怎样的特征呢？简－大卫·纳索总结了以下三点。

第一，保持纯真。

第二，保有感到好奇的能力。

---

① 人格结构中，由自我分化而来的、道德化了的、代表社会和文化规范的人格部分。——编者注

第三，不要被日常的惯性打败而变得麻木。

这三点让我明白，怪不得我所接触的很多精神分析师会给我一种“返老还童”的感觉。他们大多有 30 年以上的临床经验，却经常在严肃的督导或案例讨论中透露出某种孩童般的天真，对世界永远充满好奇，对那些正经历苦难的人饱含深情，充满慈悲的力量，用生命温暖、治愈在人生旅途中曾经相遇的每一个受伤的灵魂。

任丽

动力取向心理咨询师

《我们内在的防御：日常心理伤害的应对方法》一书作者

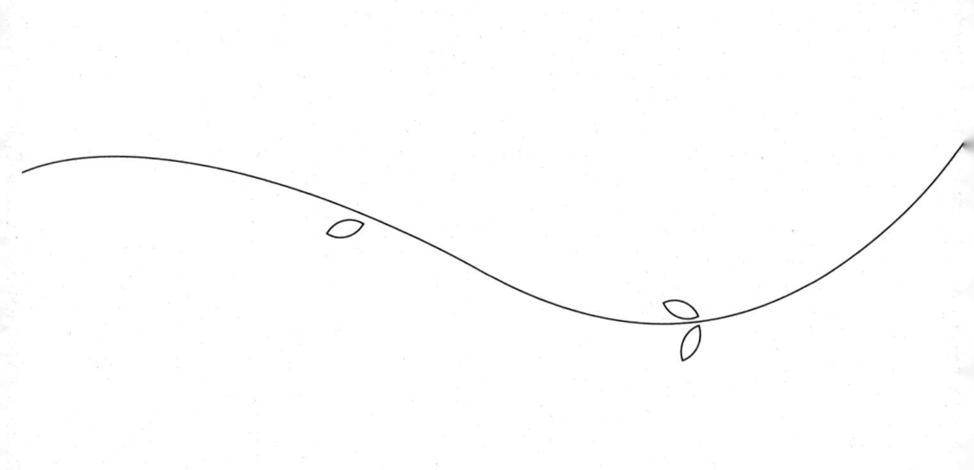

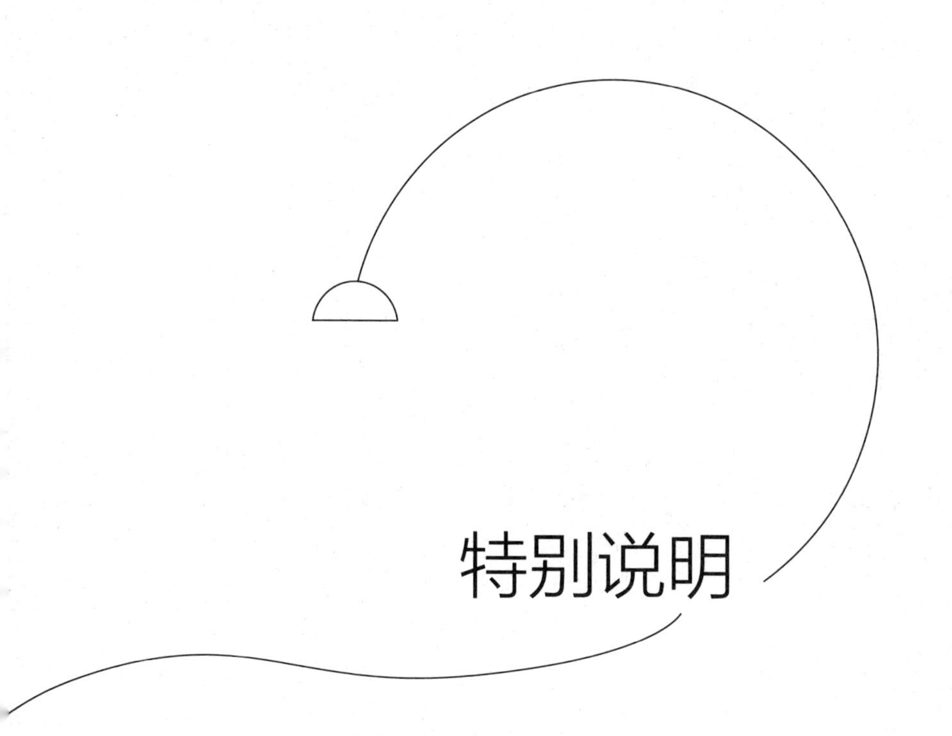

特别说明

精神分析可以起到治愈作用！怎样证明这一点？我发现我的临床经验和理论近几年获得极大丰富，同时越来越多的来访者在结束咨询时向我表达他们的感激之情。现在，我可以也应该对我的精神分析经历感到自信，我长期满怀热情地进行学习，不断对精神分析进行理论研究，并与其他精神分析师分享经验。正是这份自信让我可以笃定地告诉你们：是的，精神分析可以起到治愈作用！

目 录

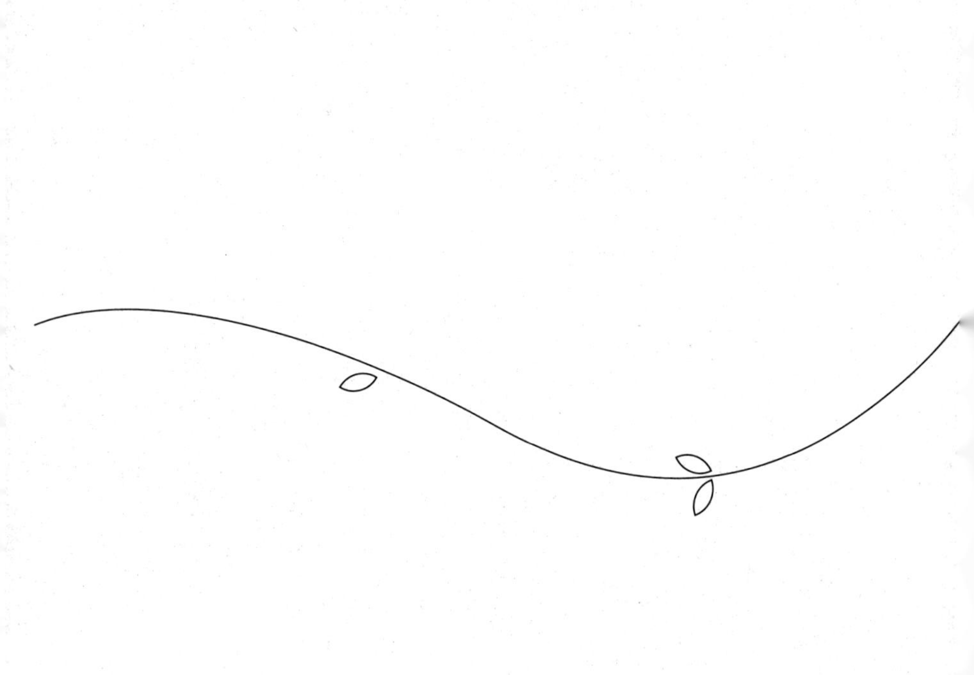

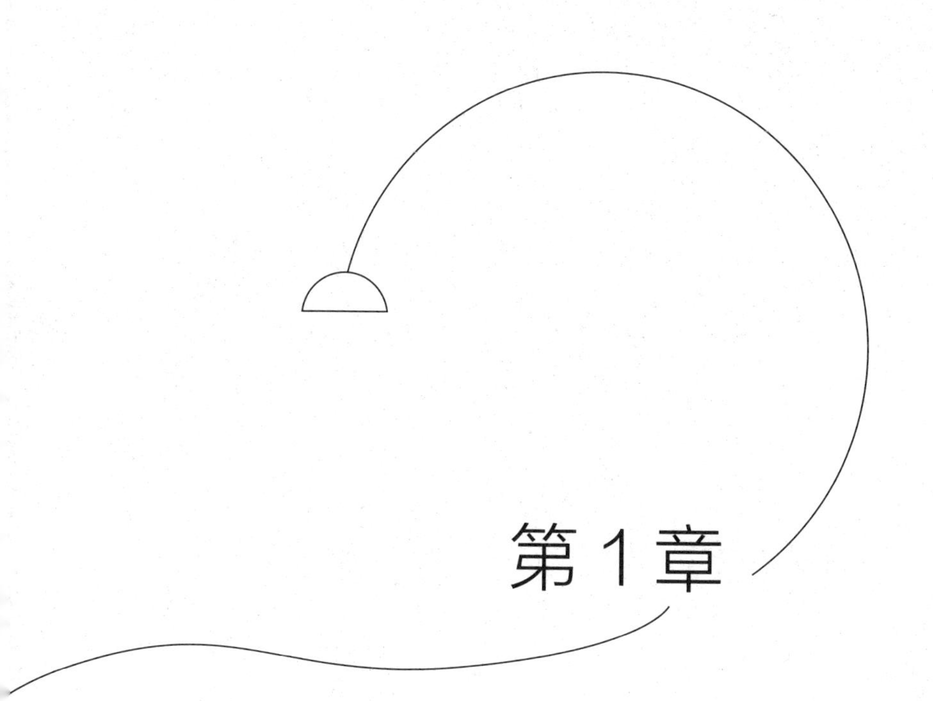

第 1 章

精神分析师如何治愈他的来访者

“为了进行有效的治疗，一位有经验的精神分析师必须不断培养两个素养：一是细腻、敏锐的感知力，用以感知他人无意识下的暗流涌动；二是让自己的无意识说话。”

简－大卫·纳索

本章我将带你们了解精神分析的主要阶段，关注来访者走上治愈之路的决定性瞬间，如此重要的时刻通常发生在我直接接触到的分析对象的无意识之时。我还将向你们展示我为了让来访者得到治愈所做的一切准备工作。

坦率地说，我将向你们讲述我如何陪伴来访者走向新生活。这里的“陪伴”不是指牵着他的手，而是与他的无意识紧密相连。如果你问我精神分析师如何将来访者成功引上治愈之路，我的回答是，精神分析师会运用其拥有的最好工具——他自己的无意识——做到这一点，我称这一无意识为**“工具性无意识”**（Inconscient Instrumental）。

我们很难想象如此无形而私人的无意识会是一个工具，而且是一个用来倾听来访者的声音，陪伴他们直至其痛苦被减轻的工具。但**我相信精神分析师在治愈来访者方面，不**

仅依靠自己知道什么、说什么或做什么，还依靠自己是什么，尤其在无意识状态下，自己是什么。

没错，除了已掌握的学识和技术，精神分析师还有一个更重要的、灵敏的、无与伦比的帮手：他自己，也就是他尚未觉知的内心深处的东西——他的无意识。无意识是我们自身潜藏的部分，某种程度上，它决定我们是谁，在为来访者咨询时，它则决定我们在痛苦的来访者面前是谁。精神分析师正是用他的无意识，用他的**“工具性无意识”**治疗、治愈来访者的。

但是请注意，精神分析师对待患者所用的无意识并不是他日常状态下的无意识，而是他个人无意识的升华。精神分析师的无意识是一种精炼过的无意识，被多年的分析和长期的实践反复提炼、反复塑造。通过倾听来访者，精神分析师更了解自己的内心，学会与自己展开对话。如果你是刚从业的精神分析师，时常与督导交流能帮助你解决实操过程中的难题，同时让你的感知力变得更敏锐，这也塑造了你的无意识。

不间断地、充满热情地学习并研究我们在实践中不断再创造、再调整的精神分析理论，也能培养我们的无意识。精神分析师用一种灵巧的、容易感知的、与他人产生共鸣的无意识工作并治疗他的来访者。

那么，具体而言，我们怎样运用我们的**“工具性无意识”**

工作？为了回答这个问题，我想分享我作为精神分析师的经历，向读者呈现当我全神贯注地倾听来访者的讲话时，我的心理状态发生了哪些主要变化。老实说，我希望你们走进我的咨询室，像隐形人一样无声地坐在我身边，拿一个神奇的放大镜，在我专注于来访者时看看我心里在想什么。

第 1 章由精神分析师的倾听方法与相关案例构成。

在倾听方法部分，你们会看到精神分析师在倾听来访者时，如何浸入其内心世界，再浮出来，并与来访者沟通他感知到的一切，在相关案例部分，我会为你们提供一个具体案例，我给它取名为**“黑衣人案例”**。

我认为，当精神分析师运用**“工具性无意识”**倾听他的来访者的心声，然后说一段意味深长的话解释来访者的心理时，来访者会摒弃关于自己的不好的知觉（perception），他的状态在他接受完咨询离开咨询室时，会得到改善。

精神分析师的倾听是一个五步走的过程

我们一步一步理解这个过程。倾听是什么？倾听并不是一种简单的状态，即便精神分析师带着最大的善意对待来访者，也不等同于他在倾听。倾听，是全神贯注于来访者的语言和非语言表达，它与常被误解为代表治疗师注意力不集中的悬浮注意（attention flottante）恰恰相反。

倾听，其实是倾听对方的心声，积极关注他说的话，尝试超越他的语言去理解他的内心。最重要的是，在自己身上感受到对方有意识的情绪（émotion），甚至是对方的痛苦和无意识的情绪。

我想再阐述一下“听见”和“倾听”的区别。“听见”是耳朵感知外界声响的一种听觉行为。“听见”是“明白”的同义词，是指给别人向我们传达的词句赋予特定的含义。通常，听见别人对我们说的话的同时，我们也就接收到了这些话语，明白了其含义。这样，我们可以说是听见了。但倾听完全是另一回事。当我们倾听时，我们不再听见其他任何东西；当我们倾听时，我们超越声音和语意，屏蔽所有扰乱我们的声响和思绪。这样才是在倾听。

简而言之，**我们听见的是话语，但倾听的是无意识。**

现在，我们来看看精神分析师如何倾听并聚焦来访者的内心世界和情感世界。我现在要说明的是，达到全神贯注的状态（倾听本身）是一系列连续步骤中的巅峰时刻。这一过程即**倾听的过程**。因此倾听不是一个瞬时动作，而是分五步走的完整过程。

在深入探究过程中的每一步前，我先概括一下倾听的整个过程。第一步，精神分析师专注地观察来访者的行为和体态。即倾听的**“第一步”**是**“观察”**。接下来，当来访者开始诉说，精神分析师试图理解听到的话语和观察到的行为中潜藏的含义，即**“第二步”**是**“理解”**。**“第三步”**是

“倾听本身”，这一步也是倾听过程中的巅峰时刻，在这个时刻，精神分析师完全投入地倾听。这也是精神分析过程中最令人着迷的一刻，因为此时精神分析师的**“工具性无意识”**和精神分析对象的无意识实现融合。我将这一刻视为决定性瞬间，因为**只有这两种无意识实现内在融合，来访者才有可能治愈**。换言之，如果没有走到关键的第三步，精神分析师的咨询对来访者的治愈效果就会受到影响。这也可以反向推论：咨询结束时，如果来访者的状态明显得到改善，就能推断出这两种无意识曾经相互融合，即使咨访双方并不知情。说明一下，我刚刚提到的“两种无意识的内在融合”有可能会让你们想到常被提起的“无意识沟通”（communication des inconscients）。但在下文，我不会重复“无意识沟通”这一司空见惯的用法，相反我会一根一根地尽力解开咨访双方缠绕在一起的无意识“丝线”。

接下来的一步是最难解释的一步。

在来访者感受不到他倾诉时的情绪，开始触及儿时感受过之后又被压抑的创伤性情绪时，精神分析师就进入了来访者的无意识。这一步叫**“认同”**，在这一步，现在的精神分析师会去认同过去那个痛苦的孩子，认同小时候的来访者。举个例子，我面前坐着一位抑郁的女士，她很伤感，对我说她觉得自己的人生失去了意义。她的哭泣与悲伤是我们见面时的主旋律。我能感受到她的悲伤，但我自己并不悲伤。如果来访者感到焦虑，我能感受到他的焦虑，但我自己并不焦虑。对我来说，重要的并不是有人认同我富有同情心。我们每个人都会自然而然地感受他人的情绪，并且日常生活中分担伴侣、姐妹、母亲和孩子的痛苦与欢欣。但对精神分析师来说，事情是很不一样的。精神分析师的特殊之处在于**感受来访者如今不再轻易感受到的过去的创伤性情绪**，这种情绪始终存在于来访者身上，躲在显性情绪的后面。

诚然，我会去感受面前这位来访者感受到的悲伤，但作为精神分析师，我还要感受这份悲伤背后的恨意，这是许久之前因极度失望引发的无声的怨恨。更重要的是，我还要将自己视作从前那个受过伤的小女孩，去认同她。

在这个例子里，我作为精神分析师，能感知来访者悲伤、抑郁的面具下的怨恨，我由此想起自己年轻时在精神病院当实习医生的经历，我的科室主任对我说："纳索，以后你负责女性老年抑郁症患者的接诊工作。"之后我每天早晨8

点穿着白大褂穿梭在候诊室，里面挤满了年迈而悲伤的女士。患抑郁症的这些女士每天早上醒得很早，通常凌晨 5 点就醒了，她们的脑子里只有一件事——去看医生。当时我整个早晨都在咨询室里不停地接诊这些女士们。不明白为什么，我感觉她们当中的大多数都充满怨恨。

诚然，她们是悲伤、抑郁的，但她们的悲伤是带着怨气的。那时的我只是观察到了这一点，并没多想。直到多年后我才明白，怨恨是抑郁的基本要素。为治疗抑郁，我需要让来访者认识到他对于他自己或他人的绝望下潜藏的恨意。

如果我们回到倾听过程的第四步，我现在会说精神分析师走这一步时运用的不只是共情，还有**“双共情”**（doubleempathie)。他不仅要认同面前的来访者感受到的情绪，还要认同隐藏在来访者身体里的、来访者在儿时受伤时经历过的创伤性情绪。因此，准确来说，**“第四步”**是**“精神分析师认同幻想中孩子的情绪”**。

之后，我们终于走到了倾听过程的第五步，也是最后一步。此刻，精神分析师向来访者分享他在第四步经历的创伤性情绪。这种对压抑机制的语言化能减轻来访者的痛苦，并将其引向治愈。因此**“第五步”**被称为**“解释”**。精神分析师通过简洁明了且富有启发性的语句，向来访者阐述在将自己认同为对方那个压抑的孩子时感受到的情绪。在第二章，我会进一步区分我在实践中惯用的解释的四个新变体：通过“黑衣人案例”可以看到的**“叙述性解释”“拟人性解释”“动作性解释”**和**“主观性纠正”**，这些少有人听说过的新变体能让来访者承认自己经历过的那些从内里蚕食自己的创伤性情绪。

我们现在可以总结一下倾听的过程：精神分析师进行**“观察”**，试着**“理解”“倾听本身”**，将自己**“认同”**为来访者，最后向来访者**“解释”**。

当然，这几个步骤是连续的而不是分开的，也不总按顺序实施，有时它们会浓缩为一个瞬间，那就是解释。但在详细研究每一步之前，我想先指出倾听过程的**“两大前提”**。第一个也是最重要的前提是，精神分析师清楚，为了倾听过程顺利开展，自己必须**具备进入来访者沉默的内心世界的意愿**，就像了解自己一样，从里面了解来访者。什么是

“从里面了解一个人”？就是以他本人认识自己的方式认识对方，你会发现，对方有时笃定，有时脆弱；有时自负，有时自卑；有时神采奕奕，有时孤单寂寞。总之，在咨询时的倾听中，第一个也是最重要的前提就是真诚地想要走进对方的内心世界，无论对方是男人、女人或孩童。

如果精神分析师没有进入来访者内心世界的强烈意愿，觉得“我比他更了解他自己”，或者精神分析师没有了解来访者的强烈意愿，那么咨询不会有任何效果。反之，如果精神分析师有这种意愿，并且这种意愿已相当成熟，我们就能确信来访者在感受到精神分析师这种意愿后会降低防备心，变得更容易接受精神分析师。

第二个前提则是**倾听的体验**。我将为你们详细说明这一前提，这是我经常拥有的理想体验，但你要知道，**不是任何时候都能产生倾听的体验，也不是在和所有来访者进行咨询时，或同一个来访者在所有咨询时间内，都会产生这种体验**。随着时间推移，这种我用得越来越多的体验让我有了持续细腻感知他人内心世界的能力。我相信许多精神分析师都获得了不断累加的经验和感知力，无论出自哪所院校，他们都能充分参与倾听过程，直到来访者痊愈。

第一步：观察

既然已说明两大前提，那么现在我们具体来看看倾听的**“第一步”**：**“观察”**。如果说许多人天生就有观察天赋，那么精神分析师必须将这个天赋转化成不断完善的工具。我曾经建议学生玩一个游戏：观察人群并根据他们观察到的内容编造故事。读者也可以试一下，比如你一个人坐在地铁里，心不在焉，突然发现对面有一位上了年纪的女士。你偷偷观察她，悄悄将视线落在她身上，然后对自己说：

“看起来这是一位独居女士，她可能是位寡妇，养了一只猫，正打算去看望她 30 多岁的女儿。”看着她脸上的愁容，你默默自语：“她忧心忡忡，可能在想怎样安慰自己的女儿，女儿刚离婚，还不得不与前夫争取儿子的抚养权。”

你要一直像这样开动脑筋，别让大脑沉睡。要不断锻炼自己的观察力和想象力，两者永远要齐头并进。有读者会说：“可我已经在这样做了呀！”我会回答：“你做得很好！继续练习，尤其是如果你从事精神分析，那更应如此！”曾让我深受感动的弗朗索瓦丝·多尔多（Françoise Dolto）建议她的学生：“如果你们想成为优秀的儿童精神分析师，就走出诊室，去某个街区的广场，找一个靠近沙池的长椅坐下，打开一份报纸，这样显得没那么奇怪，然后偷偷观察孩子们的行为，听他们说什么，同时注意他们父母的态度。”这是多好的建议呀！了解一个孩子的行为和语言的最佳方式，无疑是了解这个活生生的人。简而言之，磨炼你的感官，放飞你的想象。

现在回到分析场景。在走向另一个人的意愿的驱动下，精神分析师观察来访者的举动，关注他的嗓音，注意他的手势或眼神。事实上，**好的倾听就从敏锐的观察开始**。从来访者走进候诊室的那一刻起，我的所有感官都被唤醒，无论视觉、听觉还是嗅觉，甚至是触觉。比如当我与来访者握手时，我感觉他的手是冰冷的、柔软的或潮湿的。同样，我会特别注意来访者携带的物品。如果来访者带了一个包并且这个包一直是打开着的，我会看看里面的东西，当然我会注意克制。有时我也会问：“你包里装了什么？”有些来访者知道我很关注他们在咨询时带来的东西，就会打开他们的包，等待我的回应。此外，我还会闻味道，尤其会闻对方身上是否有酒气，即使他嚼着薄荷糖，也掩盖不了他的酒气，因为薄荷糖无法遮掩从肺部呼出的酒气。如果对方是一个坐在游戏桌旁的儿童，我会观察他的姿态，他的手部和脚部的动作。如果坐在我对面的是一位成年人，我则会关注他的面部表情和他的眼睛传递的微妙信息。

在此，我想分享我的一个工作信念，虽然它与观察行为没有直接联系。该信念出自心理学家弗洛伊德在生命快终结时创立的理论：一个人的情感表达是他心理现象的延伸。弗洛伊德认为外部现实首先由对我们具有情感意义的人和物构成，如此，我们的情感联系是位于心理现象之外的存在。

因此，我不仅关注来访者的语言和非语言表达，我还关注一切与他非直接相关的表达，因为我认为这些表达是他心理现象的延伸。例如，我会在候诊室与一个偶尔陪同来访者来访的小男孩热情地打招呼。我自发地这样做，因为这个孩子在来访者（他父亲）进行咨询的情况下是来访者心理现象的延伸。或者在咨询期间，我会请来访者牵着她的爱犬来咨询室，而她每次都会让爱犬趴在长椅另一头的地上。

还有些时候，根据移情（transfert）的强度需要，我会让来访者带来装有家人合影的相册，然后和他一起欣赏；或让他带来音乐播放器，和他一起聆听他儿时听过的歌曲，重温他的童年。这些绝不是咨询时的无聊消遣，相反，这些做法非常有效，让我提出的解释在大多数时候都能被来访者欣然接受。更准确地说，每当展开这种交流，即使我始终站在精神分析师的角度，即使我的来访者——无论是成年人还是儿童——没有在诊室表现出在家里时的样子，我也能感觉自己触及了其心里最隐秘的地方。总之，精神分析师不仅要倾听来访者的话语，还要灵敏地觉知他发出的所有沟通信号。

关于观察，我还想强调一点，那就是对精神分析师而言观察自身行为的重要性。我要求自己**采取行动，观察自己的行为，并将行为理论化**。

第二步：理解

基于来访者的表现，在倾听的第二步，精神分析师尝试推断折磨来访者的潜在心理冲突和来访者为自己打造的负面形象，以及更深层次的、来访者痛苦的根源——他无意识的、反常的幻想。以那位想掩盖身上酒气的来访者为例，我们可以推断出他的酒瘾只是很久以前的焦虑或难以释怀的悲伤留下的阴影。

的确，我发现酗酒者通常都因为焦虑或悲伤而嗜酒成瘾。如果是男性，他酗酒通常是为了驱散焦虑，尤其是与不被社会认可的低自尊相关的焦虑；如果是女性，她酗酒则通常是为了消散孤独造成的悲伤，她通常在情感上没有任何伴侣，对别人而言她无足轻重，别人对她来说也无关紧要。但无论焦虑还是悲伤，都会化作疲乏厌倦的面孔。因此嗜酒者无论男女，都通过酗酒对抗厌倦，他们不知道厌倦背后隐藏的永远是焦虑或悲伤。而理性地为来访者重构导致他用酒精依赖取代爱的焦虑和悲伤的不同心理层面，则是精神分析师的职责。因此要清楚一点：在“理解”这一步，精神分析师和来访者在精神上再次追溯病症的起源，去做弗洛伊德所说的“重构工作”（travail de reconstruction）。

第三步：倾听本身

然而，精神分析师也许并不知道如何重构导致来访者患神经症的病原性幻想。当然他会有一些假设，但都无法确定信念。精神分析师在黑暗中犹豫、摸索，这正是与来访者互动过程中的准备阶段，直到决定性瞬间也就是**“倾听本身”**如黑暗中的一道光突然闪现。

有时在咨询的转折点，精神分析师会被来访者的一个词、一个面部表情或一个身体动作吸引，比如来访者在诊椅上挪动的方式、一个孩子不合时宜的手势或他的画中一个特别之处。某个小细节突然吸引了精神分析师的注意力，他就好像突然被刺到一般，觉得自己即刻被带入**全神贯注**的状态。于是他回归自身，并如愿达到被我称为**宁静本静**（silence en soi）的状态。

如此，他自身做到静默，再也听不到自己内里的声音，听不到日常琐事或个人计划，甚至是在重构工作前期建立的理论思考的回音。

但什么是全神贯注呢？全神贯注这一内在力量首先是一种

自制力，它坚决地抑制、摒弃、消除无用的杂念，将能量用以实现**“第三步”**的必要动作。必要动作是什么？在回答这个问题前，我想强调一下精神分析师从自身挖掘宁静本静的状态的行为是一种**“自愿弃绝”**（forclusion volontaire）的有意识行为。自愿弃绝是指精神分析师消除和抑制自身所有感觉，从而使自己的接受度达到最大值。完全地自愿弃绝就是接受度达到百分之百。

现在，我们进入**“第三步”**，我想在这一步多停留一会儿，因为精神分析师正是在此时才真正处于倾听状态，即在内在的宁静中感受自己心灵的状态。这一步的关键在于捕捉他人的无意识。我们抽离自我，忘却时间和空间，进入自身，在此遇到属于另一个人的向我们迸发的情绪，此时的我们便处于倾听状态。

在此，我需要明确一下术语。我将用不同的名词来指代倾听，有时我称之为“内在心理倾听”，有时叫“捕捉”，还有时叫“沉浸”。但无论是用内在心理倾听、捕捉还是用沉浸，我希望读者不要忘记倾听的目的是将来访者引向治愈。这也是为什么你们每次读到“倾听”“捕捉”或“沉浸”这些词语时，我都请你们自动地将它们与形容词“治疗的”相连。所有倾听都以治疗为目的。

还有一个需要明确的术语是“治愈”。一般情况下，“治愈”通常指祛除身体疾病，恢复健康。然而，大部分来访者都不属于生理上的病患，他们因与自身的矛盾和与别人的冲突而感到痛苦。精神分析寻求的正是消除这种内在的和人际关系上的冲突。在精神分析中，治愈，是指爱自己本来的样子并对身边的人更加宽容。

我前面提到需要区分听见和倾听。听见一个人，是向外听，听外部的声音；而倾听一个人，则是向内听，沉入自身的内里，在此遇到另一个人的无意识。这一概念区分是本章的关键。如果用图案显示，倾听不是“[illegible]”；而是“[illegible]”。只有在自己的内里，我们才能遇到另一个人，这听起来似乎令人意外，但事实的确如此。起初，我从外部观察对方，但最终我在我的内里遇到了对方最隐秘的自己。我猜想，无论来访者还是精神分析师，只要是没有这样做过分析的读者，可能都会有点难以想象我描述的这种倾听方式。我后面将详述的“黑衣人案例”会有力地论证这种从内里认识他人的独特倾听方式。

那么，当精神分析师集中注意力倾听来访者时，他能感受到什么？他能在自身，在他的内部，看到来访者的无意识的动态图景。我想说的是，他能在头脑里看到一些动态图景，**这是一幅模糊的心理图像**，该图像与其说被他看到，不如说是被他感觉到。精神分析师从进入自身这一刻开始，会对被这幅心理图像攫取的感觉和他自己清醒的意识进行区分。我想再重新说明一下这一点，因为我必须把它说清楚。

> 倾听是一个微妙且难以捉摸的心理过程。回顾倾听过程，第一步观察。第二步试着理解、思考、假设，但不太确定。第三步发现一个吸引我的细节，于是开始自愿弃绝。我全神贯注直到放空自己，之后走进自己的内心，进入宁静的中心，看到一幅动态图景，里面的行动不受任何束缚，我看到的画面是模糊且缺乏细节的。我将这幅图景视作来访者无意识的缩影。这样

> 的感受让我抽离。我就在我的来访者身边，他坐着的时候，我看着他；他躺着的时候，我听着他的声音。我在与他和现实保持接触的同时，完全被我自己内在突然出现的图景吸引。我的意识绝对清醒，也没有陷入第二状态（état second，也称疾病状态），我不像一些画家或诗人，他们需要灌醉自己才能创作。

这种在倾听过程中抽离的状态混合了空无与敏锐、迷幻与清醒，这种状态下的自我既充满了另一个人，又被清醒的意识掌控。弗洛伊德曾用一句夸赞的话定义这种状态，我想援引一下。你们读它的时候，就会明白这些字句曾带给我多么大的启发和鼓励，让我试着阐明内在心理倾听这个极其微妙且未经探索的过程，并且它也是强大的治疗手段。弗洛伊德于 1923 年写道："精神分析师的最佳工作方式就是沉浸于自己，沉入自己无意识的心理活动，避免有意识的想法，从而用自己的无意识捕获来访者的无意识。”

的确，我们只有沉浸于自己，沉入自己无意识的心理活动才能倾听。我们倾听时的精力集中于向内、沉浸于自己，从而放空自我，达到宁静本静并在内里发现另一个人的无意识。

在这种高度开放、聚精会神且相当清醒的心理状态下，精神分析师在幻象中看到代表来访者的形象突然出现。通常幻象中会出现两个有冲突的人物形象，而来访者往往忘记了出现这两个人物形象的场景，但我认为它正是来访者如今的心理障碍的产生根源。没错，我认为让来访者接受咨询的心理障碍正是由这幅无意识图景中的危害引起的，而这个危害是来访者儿时或青春时期一次有关创伤的灼热记忆，它如今在真实世界或来访者的想象中再次出现。

简而言之，当精神分析师在自身捕捉到来访者的无意识时，他会看到一幅突然出现的幻象，而他的来访者就是其中的主角。毫无疑问，幻象中的这位主角与精神分析师面前的这位来访者大相径庭。当来访者是一位成年人时，精神分析师通过全神贯注的努力，让他幻想出一位虚拟的人物，这个人物往往融合了被抛弃、遭到伤害、被侮辱或殴打的儿童形象，或者融合了一个误入歧途、封闭在自己世界里的青少年形象。

如果来访者是一个孩子，那么精神分析师幻想的形象通常是一个不知所措的新生儿，他正压抑着自己的哭声，徒劳地寻求母亲温暖的怀抱。然而，无论这个幻想中的形象是一个受伤的儿童、迷失的少年还是不幸的婴儿，抑或是其他形象，它实际上都只是一个幻象，一个在精神分析师的自我里表达来访者无意识的幻象。如弗洛伊德所说，这个精神分析师突然在幻象中看到的虚拟人物，是他捕捉来访者的无意识后产生的结果。弗洛伊德写道："精神分析师用自己的无意识捕捉分析对象的无意识。"我稍微修改了一下这句话：精神分析师用自己的无意识捕捉来访者的无意识幻象。总之，精神分析师想捕获对方内在的无意识，而他倾听时在自身内里以幻象的形式获得了它。

说到这儿，你们可能会反驳我：如你们所说，精神分析师看到的这个幻象究竟是来访者无意识的表现还是精神分析师自己的幻想？如何判断我们看到的幻象来自来访者还是来自我们对个人感受、欲望和自身经历的表达？为什么说精神分析师看到的幻象并非凭空捏造的，而是来访者无意识的流露？我的回答是，首先，只要精神分析师一开始对这些幻象的出现感到惊奇，则可以确信他捕捉到的幻象来自来访者而非他自己。因此第一个标志便是惊奇。其次，只要当他看到幻象时，有一种去个人化的感觉，而这种感觉由专注倾听时产生的抽离引起，精神分析师就可以确认自己的确处于倾听状态，并且确信自己看到的幻象并非来自他自己，而是来自来访者。因此，第二个标志是去个人化的感觉。最后，只要当精神分析师将自己看到的幻象告诉来访者时，来访者沉默以对，精神分析师就可以肯定幻象并非来自自己，而是来自来访者。

当然，这里不是指随便哪种沉默都行，得是来访者饱含情绪的默认。通常来访者沉默过后，还会激动地重复道："的确如此，我之前从没想到！"或者说："完全就是这样！"因此，第三个标志就是来访者对精神分析师回以**深深的沉默**。简单来说，惊奇、去个人化的感觉和来访者对精神分析师回以深深的沉默是最基本的标志，可以证明精神分析师并非用自我工作，而是用**"工具性无意识"**工作，同时也可以证明精神分析师看到的幻象并非来自他自己，而是来自另一个人。

第四步：精神分析师认同幻想中孩子的情绪

我们现在来到倾听的“第四步”——认同。举个例子，精神分析师坐在一个孩子面前，看他画画并听他说话。

他一边听孩子说，一边看着孩子画画，突然，他发现了一个令他感到惊奇的细节，他突然看到上文中提过的幻象。他进入幻象中央，感受正在行动的人物此时感受的情绪。

也就是说，他在宁静中认同幻想中的人物的情绪，与之感同身受。因此认同意味着精神分析师不仅能感受到面前这位小来访者的情绪，还能感受到他幻想中的人物的情绪。我想强调的是，精神分析师认同的并非来访者的经历、感受和情绪，而是其头脑中幻想出的那个人物的经历、感受和情绪。因此，在第四步“认同”中，精神分析师有两个既独立又重合的职能，一个是咨询中的真实存在，即精神分析师对来访者进行观察、理解和干预；另一个存在于精神分析师自己的内在世界。精神分析师同时实行这两项既分离又平行的职能，兼任向外的对话者和无意识的接收者，关注来访者的表现并与幻想中的人物的感受情绪共振。

你们可能会担心这样的情绪认同难以形成、难以获得，也一定难以承认。我稍后列举的“黑衣人案例”将更好地阐释情绪认同。我花了很长时间才觉察出精神分析师高强度地内化来访者的隐私时头脑中最细微的反应。这并不简单，但我相信现在我已经阐明了治疗性的内在心理倾听现象，众多精神分析师不妨用这种方式治疗来访者。

第五步：解释——“这就是我在你内心深处发现的你！”

那么，已饱含情绪的精神分析师现在如何干预治疗呢？现在我们来到了倾听的“第五步”：解释。精神分析师将感知到的幻象组织成语言，并与来访者沟通。此时的精神分析师就是幻象和来访者的中间人，来访者迫切地想让精神分析师告诉自己一切是怎么回事，是什么在折磨他。换言之，我通过自身倾听来访者身上发生的事情并向他讲述。正如我演奏着眼前的乐谱，希望聆听我的演奏的听众对自己、对我说：“这正是我内心深处的旋律！”精神分析师向来访者的意识讲述来访者的无意识中发生的事。精神分析师成为将来访者的无意识与意识联系起来的信使。

需要说明一点，在解释这一步，精神分析师可以选择说或不说。他可以保持沉默，或在咨询过程中大声说出简洁明了又意味深长的理论性或技术性的语句，比如你们接下来就将在案例中读到富有寓意的语句。这些语句触碰来访者，让他走进自己的内心并改变看待自己的方式。

精神分析师也可以选择沉默，这是一种有意的沉默，看时机决定。毋庸置疑，有很多话说但故意选择沉默，与没有话说而保持沉默，两者相去甚远。对精神分析师而言，难点在于迫切想表达时仍能适时沉默。我与我的来访者说话时，我只说 40%。如果我什么都不说，则是我认为现在干预还太早或太晚；或是觉得来访者还没有做好接收的准备；抑或是我认为我头脑中的想法还不够成熟，需要更多时间；也可能仅仅是因为我无话可说。这让我想到哲学家维特根斯坦[①]（Wittgenstein）的名言："凡是不能说的，就应该保持沉默。"为此，我经常向找我督导的精神分析师建议，如果不知道说什么，就什么都不要说。"如果你们有所怀疑，就什么也别说，保持沉默。这样可以避免很多错误！"

还有一点也很重要：精神分析师一定要坚信自己说的话，同

① 著名哲学家，著有《逻辑哲学论》等书。——编者注

时希望自己说的话能打动别人。毫无疑问，对自己的话负责，也就是说话时保持真诚，会起到决定性作用，让来访者对精神分析师产生信任并以同样真诚的态度对待自己所说的话。

在第五步结束之际，我想强调一下，内在心理倾听过程中“观察”“理解”“倾听本身”和“认同”这前四步，只有在顺利走到“解释”这最后一步时，才具有治疗价值。也就是说，只有精神分析师成功用语言或有时用动作向来访者清楚地传达他本来模糊知道的事情时，前四步才有意义。但请注意，无论精神分析师解释得多么恰当、多么清晰，如果没有触及来访者的敏感区，也就是其意识的边缘“前意识”[①]，这种解释就是无效的。要想解释无意识，还需要无

① 即在意识层面之下，不为人所觉察的活动能量或内容。——编者注

意识在成为前意识之前已然成熟。“的确就是这样！”这是我经常从来访者口中听到的句子，当我的解释因为将前意识变为意识而正好触碰到他们时，他们就会这样说。我再重复一下，解释就是清楚地告诉来访者他前意识里已经知晓的事。精神分析师从不解释最原始的无意识。当然，我在自己身上捕捉到的来访者的无意识处于最原始的状态，但当我加以解释时，我只会对他说他能接受的内容。

总之，如果要用一句话概括倾听的精髓，就让精神分析师的无意识来告诉我们吧：**“一旦获得了内心的宁静，我就在心里出现的幻象中捕捉来访者的无意识；然后，我与其中的人物感同身受，将自己代入他的行动，幻想得更炙热，将其戏剧化，最终把这些内容用语言表达给来访者。”**

“黑衣人案例”：一个关于内在心理倾听过程中捕捉、认同和解释的案例

在本章的最后，我们来看看阐明倾听过程的最后三步——**捕捉**、**认同**和**解释**的案例。在接下来的案例中，你们将看到精神分析师潜入自己的内心，**捕捉**来访者的无意识想象，然后**认同**想象中的人物，最后浮出水面，向来访者**解释**自己在其内里“潜水”时的经历。老实说，我在划分这三步时，是人为分解了一个飞速闪过的事件，事件本身其实是

一个不可分割的整体。

现在，来看看“黑衣人案例”。案例中的来访者是一个 26 岁的年轻男子，有一个喜好：喜欢全身穿黑色的衣服。从我开始为他咨询的第一天起，他就一直穿同样的一套衣服：黑色西装，黑色衬衫，黑色领带，并且每次来都一定带一把黑色的雨伞、一双黑色手套和一个黑色公文包。我现在已经不再给这位来访者咨询，但我还记得当时他阴郁的样子，让诊所的人都感到不适。这位年轻人把头发梳理得非常整齐，他风度翩翩，甚至有些傲慢，散发出一丝庄重的气息和深深的苦楚。

他来找我咨询是因为觉得自己一事无成，一切都停滞了。

第一次与他见面，我了解到他 6 岁时在一场车祸中失去了母亲，而他的父亲对他撒了一个弥天大谎，让他此后一年都以为自己的母亲外出旅行了。也就是说，之后一整年男孩都觉得妈妈抛弃了自己。从此以后，无论与对自己冷若冰霜的父亲还是其他家庭成员，他再也无法与他们建立情感联系。这种情感联系本可以让他正常地哀悼自己的母亲，从而一点点接受无可替代的母亲永远离开的事实，也可以让他在永远爱着母亲的同时，慢慢地学会爱其他人。从最初的几次咨询开始，我一直有一种感觉——面前的这个人因为一场未完成的丧礼而生了病，这场未尽的丧礼像一块黑色的熔岩石嵌入了他的精神世界。

两年后的一次咨询过程中，他躺在诊疗椅上说：**“自从我母亲走后……”**不用过多解读，我就觉得这些话让我集中注意力，于是我让接下来的事情自然发生。我让自己从某种程度上“失明”，而**“自从我母亲走后……”**这句话在我脑海中唤起一连串的图像，随后我慢慢地将图像描述给来访者听。

在这时，我就此进行干预，而我的话成为具有解释意义的讲述。你们即将读到的语句正是我与来访者沟通的内容。我的来访者一离开诊室，我便立刻坐到书桌旁，将咨询期间对他说的话记在纸上，刚才的经过多么地打动我啊！

以下便是我对那位来访者说的话：“刚才听你说**‘自从我母亲走后……’**，我的脑海中就浮现一位母亲急促地打开围栏逃出家门的画面。画面中，一个6岁的男孩想与她一起离开，他仿佛知道母亲将永远离开，不再回来，男孩朝她喊：‘等等我，妈妈！等等我，我和你一起走！’那位母亲没有转身，而是对他说：‘不，不，你留下！你不能跟我走！’无论男孩怎么请求，那位母亲还是无情地离开了，小男孩就在后面追。母亲在前面跑，他在后面跑。她不停地跑，男孩就不知疲倦地在后面追，一步也不落下。母亲和男孩就一直这样，一个追着一个，永远也追不上。这样的追逐持续了很多年。直到有一天，男孩看到母亲的身影逐渐远去，消散到雾里，消失在地平线上。气喘吁吁又手无寸铁的男孩终于停下他的追逐，放弃了追上母亲的念头。精疲力竭的男孩坐在路边喘气，他看向自己的手和腿，突然惊异地发现自己已经不再是一个孩子，他长大了，变成了一个男人，并且他的内心也已成熟，他不会再像男孩一样容易激动或幻想。”

说完这些，我稍微停顿了一下，然后更直接地对来访者说：“你看，你停在路边发现自己已不再是男孩而变成了男人，这正是我们正在实现的变化。这就是分析。”

我刚刚向你们转述的这些话语，包括我对图像的描述，在与来访者进行咨询时，是随着我的内在感知讲给他听的。在我讲述时，来访者凝神静气地听；我的话音落下时，就听到他努力克制情绪的抽泣声。至于我，我在讲述的同时也被心中的画面带走，认同幻想中母子情感崩塌的男孩。我感觉自己就是那个男孩，经历了想象中的那个男孩经历的撕心裂肺。我沉浸于自己的讲述中，是的，我沉入进去了，但我仍清楚地做出解释，完全掌控干预过程，并对自己的抽离保有意识。比如，我会特意避免使用一些词语。我记得曾经有一刻，我差点就说出母亲已经离开，去世了。但很快我就改变了主意，觉得这种陈词滥调会让我的干预变得不可信，并让我的来访者失望。我之所以告诉你们我的这个顾虑，是想向你们展现我在组织千变万化的语言时有多么小心。我说真话，同时我也希望我的来访者听到我说真话。

我想向你们说明的是，这次咨询开启了治疗的最后一个阶段，并且治疗于一年后结束。现在我和这位来访者已不再见面，但他会定期告诉我他的近况，我知道他有了一个幸福的家庭，并在工作上大展拳脚。于我而言，“黑衣人案例”是精神分析师倾听并治愈来访者的一个典型案例。

> 通过对这位来访者展开的工作，我再一次见证了这件事——精神分析师**沉浸**于自身的内在去遇见另一个人的无意识，是我所知道的最有效的**治愈方法**。

我想向你们说明精神分析师是用无意识工作的，但这种无意识是一种特殊的无意识，与个人的无意识不同，是**“工具性无意识”**，会随着精神分析师不断捕捉、感受和表达来访者的无意识情绪，变得越来越精良。只有当我们安静下来时，这个可以**捕捉**、**认同**和**解释**的工具性无意识才能发挥作用。因此，当我们倾听时，就要沉入自身的内在，放空自己。精神分析师触及的点越深，将其推出水面并找到最合适的语言来缓解来访者痛苦的动力就越大。精神分析师的倾听就是一次闪耀着光芒的潜水，是潜入自己，精神分析也就是一股带来改变的冲力。

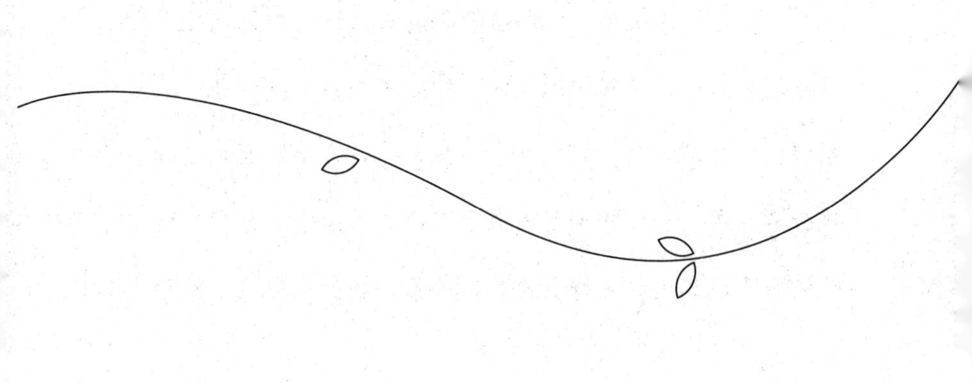

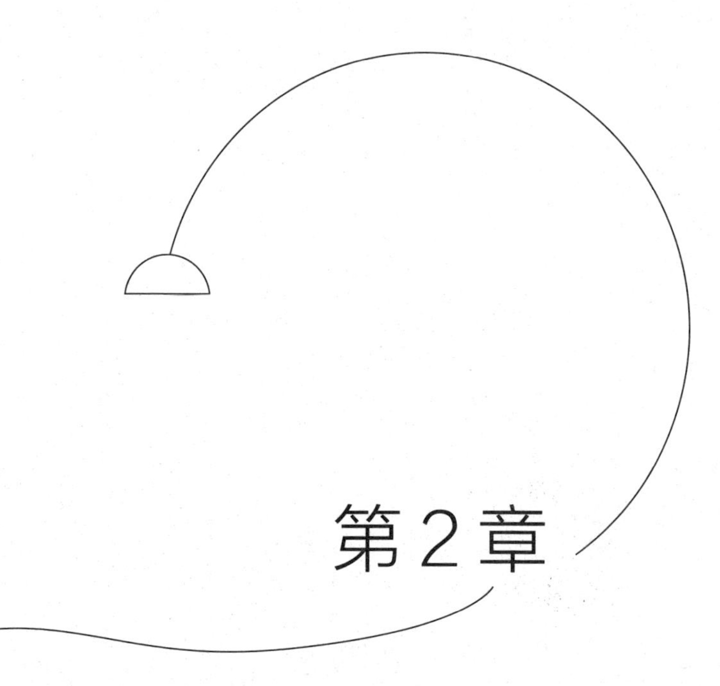

第 2 章

解释，是为来访者阐明他无意识的那部分

在讲述了精神分析师以长篇叙述为来访者解释，并以此进行心理干预的案例后，接下来的两章，我想深化“解释”这一概念，向你们展现它的治疗价值，并分享有效解释的四个新变体。

精神分析师如何向他的来访者进行讲述？会说什么？会怎么做？你们可以想象自己正处于治疗期，一位精神分析师用多种方式进行表达：他有时保持沉默；有时向来访者抛出问题，提出一种解释，以在来访者纠结时为他提供支持，但绝不会越过来访者或代替他做决定；有时采取“解释”这一最终措施，为来访者阐述其自身无意识的部分。我现在想用更多时间来说明的，正是这项对精神分析而言如此特别的最终措施。

解释，就是将无意识变得有意识

开门见山地说，解释是我们手上能将来访者导向治愈的最有把握的方法，即向来访者揭示他无意识的部分，打动他，带他进入自己的内心，发现他对他自己形成的错误认识并进行纠正，以此调整他与自己、与他人糟糕的关系。

但解释究竟是什么？首先，解释是精神分析师为了让来访者意识到自己**忽略**的东西而说的所有话、做的所有事，因为我们猜测这些来访者所忽略的东西正是使他痛苦的根源。惯用定义是**“解释，就是将无意识变得有意识”**，虽然这一定义很简单，但一直很实用。

然而，解释不仅是让来访者意识到他忽略的内容，还要让他意识到他一直忽视的**恐惧**。因此解释有两个直接目标，一是认知上的目标——**让来访者知道**；二是情感上的目标——让来访者意识到自己**害怕知道**。第二个直接目标通常被称为“解释阻抗”（résistances），这个称谓已经被用了无数次，以至于可能丧失了其本身的含义。什么是**阻抗**？在心理治疗中，阻抗就是恐惧，是害怕意识到一些事情从而感到痛苦，害怕发生改变、无法掌控接下来发生的事。一言蔽之，害怕经过治愈变成一个不一样的自己。一个幼小的来访者被吓倒，认为知道某些事情和发生改变是危险的，这就是阻抗。

因此，产生阻抗的原因有两个，一是忽略，二是害怕承受知道和长大的痛苦。我们注意到，许多来访者之所以与痛苦纠缠，都是因为对改变和治愈感到恐惧。这些人来接受咨询，但并不想治愈自己。

即便如此，现在回到解释这一行为。如果精神分析师解释时深深沉浸于自己所说的话或所做的事，那么通常他的解释会在来访者身上激起一种**深受感动的意识**，来访者经常发自内心地表示赞同："确实！完全如此！"反之，如果来访者没有反应，看起来无动于衷或对精神分析师说的话回以“我完全没这种感觉”，我们就能肯定精神分析师没有真正沉浸于自己的话语，或者他介入的时机不对，以至于来访者无法接收他的信息。简而言之，重要的不是来访者听懂精神分析师向他揭露的内容，而是他为此深受感动。

有意识于我们有益

为什么有意识对我们来说如此必要？为什么有意识于我们有益？为什么让我们意识到自己不想知道的事有助于治疗？我的回答是：因为意识到被压抑的情绪**为压抑赋予了名字和意义**。

对于来访者而言，重要的不是压抑并拒绝知道的内容浮上他的意识，而是通过精神分析师的干预，他被感动并陷入思考，意识到在他的内心发酵却被压抑的情绪。“思考”这个词想说明的是，来访者不仅意识到一些事实，还为它们赋予意义。那么什么是赋予意义呢？我们什么时候可以说压抑这一行为存在意义？如果一个孩子压抑了在之前的一次创伤（被患有抑郁症的母亲抛弃、伤害）中经历的强烈情绪，那么这份情绪，这种攫住他并使其默默忍受却无法识别的蚀骨之痛会封闭在这个孩子的无意识里，并在他成年后以不同病征或有冲突的行为等形式显现。然而，这份情绪、这种旧痛在无意识中独自飘荡，与意识毫无关联，也没有呈现出任何意识的表现形态，它缺失了一个名字，以至于孩子在经历创伤时无法为它命名，让它变成了有害情绪。反之，如果将这种情绪与来访者此前经历过的其他情绪、想法或事件相关联，那么它也许就不再那么有害。

现在，我们终于为被压抑的情绪找到了名字，也知道了它扮演怎样的角色、在何种情况下出现、对来访者的生活又有多大影响。如此，这种情绪便有了意义。这种将孤立的情绪与其他心理表现相连的做法，让我想起了心理学家拉康（Lacan）的“高级配方”：“一个能指 S_1[①]，就是其他能指 S_2 的主体。”因此我可以说：创伤情绪就是我的感情和象征世界里的其他情绪、想法或事件的神经性主体。当创伤情绪 S_1 同展现主体的能指集合 S_2 相关联，创伤情绪 S_1 便有了名字和意义。假如我是来访者，通过精神分析师的解释，我将儿时创伤对我造成的痛苦同我母亲的抑郁、我青少年时期她的自我封闭，或者我哥哥讲述的这段回忆相关联。简单来说，如果将我没有被命名的创伤性痛苦同我故

① 与所指相对。原为语言学概念，由索绪尔提出，是符号的物质形式，由声音与形象两部分构成。——编者注

事里的能指相关联，那么这一创伤性痛苦便会融入我的生命，从而被正确看待。这份创伤也会因此丧失致病的力量。在这里，我其实只是发扬了精神分析中的反隔离精神，它的基本原理如下：所有从一个整体中被分离的事物，从一个群体中被孤立、放逐的人，必定会形成一个具有腐蚀性且对健康有害的能量团。与之相反，如果我成功让被驱逐的事物重新融入整体，那么它就会失去其危害。因此，一种创伤情绪如果仅存在于无意识，它便充满“毒性”；如果我们为这种创伤情绪打开意识的大门，它便失去了致病力。

这便是为什么意识到被压抑的情绪，会结出意义的果实并且是对主体有益的做法（即这种情绪命名并将其融入意识的整体表现）。精神分析师让来访者接纳自己被放逐的压抑情绪，这就好像让来访者被生命冲动这股团结一切的力量赋予了活力，从而对抗死亡冲动这股分隔一切的力量。

致病性压抑的有益性意识化让我们想起哲学家斯宾诺莎（Spinoza）曾说，一种有害情绪、一种偏见会在我们给予其意义时消失。他在《伦理学》(*Éthique*）一书中写道：“只要我们对其有了清晰的认识，冲动就不再是冲动。”

如果回到试图将无意识意识化的精神分析性解释，我们便可构建如下流程（见图 2-1）。

精神分析师向来访者提出他的解释：他为压抑的情绪命名，找到致病的创伤性事件，并向来访者展示他至今为止的人生受那次创伤影响的程度有多深。

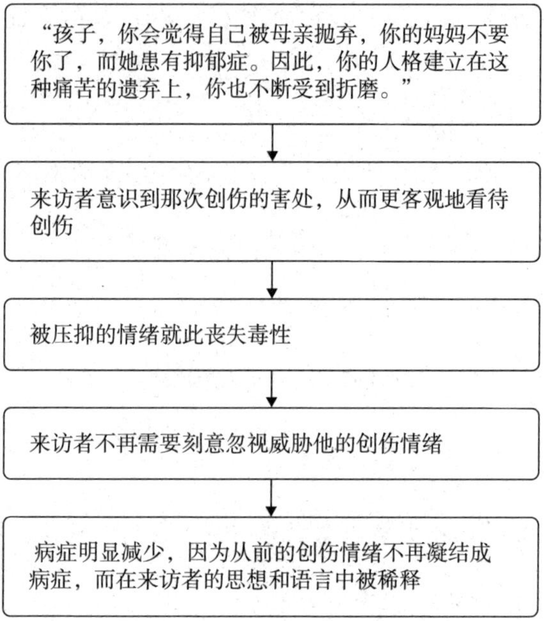

"孩子，你会觉得自己被母亲抛弃，你的妈妈不要你了，而她患有抑郁症。因此，你的人格建立在这种痛苦的遗弃上，你也不断受到折磨。"

↓

来访者意识到那次创伤的害处，从而更客观地看待创伤

↓

被压抑的情绪就此丧失毒性

↓

来访者不再需要刻意忽视威胁他的创伤情绪

↓

病症明显减少，因为从前的创伤情绪不再凝结成病症，而在来访者的思想和语言中被稀释

图 2-1　将无意识意识化的流程

精神分析师向来访者揭示的是何种无意识

我们在上文列举了一个压抑创伤情绪的例子，例子中一个被患有抑郁症的母亲抛弃的孩子默默承受痛苦。除此之外，还存在其他形式的压抑，对此，我们将一个一个地进行研究。但无论以何种形式呈现，压抑始终是无意识的，并且会致病。那么为什么它是无意识的，又为什么会致病？这里我提出一个问题：压抑指的是什么？压抑不是简单的遗忘，而是因为过往经历太痛苦，所以在无意识中选择遗忘。

正是这种想把痛苦经历埋葬的强烈愿望，让压抑成为病原体。弗洛伊德认为神经症（névrose）首先属于**防御机制的病症**，也就是说，病症的根源正是这股想忘记过去的痛苦、防止它再度出现的强烈愿望。也正是因为要阻止过去再现，压抑才变得具有致病性。著名作家维克多·雨果（Victor Hugo）在几十年前表达了完全相同的观点，他写道："当我们堵住这片由人类激情汇成的海洋的出口时，它沸腾、翻滚得多么猛烈啊。"

至此，我们可以更明确地问自己，什么是无意识？什么又是来访者为大大改善健康状况而必须意识到的致病性无意识？无意识首先是过去，是由生命中一些关键性事件衔接而成的过去，它造就了今天的我们。因此也可以说，我们的过去始终具有活性，仍然存在于现在。从童年时期开始，我的所思、所想、所感都汇聚于我写下本书这一页内容的手中。但哪些是过去的关键性事件，可以对我们现在的观点、感受和选择产生较大影响呢？我想到的主要是人生中想与所爱之人、所爱之物和所爱之思想**相连接**的所有重要时刻，以及相反的，与所爱之事物**相分离**的其他同样重要的瞬间。简而言之，我那始终保持活跃的过去主要由一些受爱启发或被恨挑唆的事件构成。然而，假使我们患有神经症，那么我们的过去就不再是一段来去自如、可轻易唤起或遗忘的过去，而是一种创伤性的、令人害怕的过去，我们一点也不愿意记起这种过去，因为它威胁到了我们如今的内在平衡。总体来说，我们所说的致病性无意识正是这种创伤性的过去，精神分析师必须在解释时揭示的被来访者压抑的过去尤其如此。

我们梳理出致病性无意识、致病性压抑的四种形态，它们互相连接、相互融合。第一种形态是童年或青春期发生的**创伤性事件**或**一系列的创伤性微事件**。精神创伤通常源于一次猛烈事件带来的深重影响，猛烈事件激起过于强烈的情绪而个人无法吸收，即无法对此做出反应、进行躲避、产生焦虑，或用语言表达。

简单概括，创伤是：一个人因过于激动以至于无法接受的东西。请注意，一个创伤性事件可能是单一的，也可能是由多个看起来并不会给人带来伤害的创伤性微事件积累而成，并随着时间消逝不断强化的。例如一位过于宠溺孩子的母亲如果每天溺爱儿子，会使儿子过度任性、兴奋。这个小男孩成年后，有可能与另一个曾一度受到严重伤害的孩子表现出同样的神经症。无论创伤是在现实中真实发生过的，例如一次伤害；还是想象中的，例如对夫妻生活不满的母亲给予自己的孩子过多物质上的宠爱，使其过度亢奋，这种创伤性影响都足以引发神经症。我在这里想表达的意思是，只有观察创伤后期对人产生的影响，才能推断出这个人受过的创伤。所有创伤都会长久地嵌入人的心理并带来致病性影响。我们只能在事件发生后，根据来访者表现出的状态，推断他童年或青少年时期受过的创伤。

此外，还有一个需要注意的要点。在表现符合神经症一切症状的来访者面前，精神分析师不应固执己见，要在来访者或其家属的帮助下，寻找来访者在童年或青少年时期发生的创伤性事件或一系列的创伤性微事件。寻找创伤性事件是必须做的事，但也别忘了它有可能只存在于未来患神经症的那个孩子的想象中，并非真实发生的客观事件。

在提及致病性压抑的第二个形态前，我分享一点关于心理创伤的观察。弗洛伊德认为恋母情结是一切神经症的核心。我认为这种情结无非是一个孩子在生活中的一种寻常又无可避免的创伤性事态。一个3～6岁的特别敏感的小男孩或小女孩可能会将来自父母一方或一个严厉可怕的形象的过度宠爱等同于创伤。在这一时期，得到过分宠爱的孩子感受到了肉体上被抚慰的愉悦或被惩罚和阻碍的气恼，这些感受的强烈程度与创伤带来的痛苦的强烈程度并无二致。

我们继续来看，根据神经症的不同，我将儿时创伤性事件分为三类：突然发生在**“恐怖症”**患者身上的被压抑的创伤性事件是**抛弃**；发生在**“癔症”**患者身上的是**性亢奋**；而发生在**“强迫症”**患者身上的则是**虐待**或**羞辱**。

我们现在来看致病性压抑的第二种形态——**创伤情绪**。之所以将这种情绪界定为创伤情绪，是因为它是孩子在经历创伤时产生的情绪。**“恐怖症”**对应的创伤性事件是抛弃，孩子被一种强烈的情绪裹挟，即**突然失去**成年保护者给予的**富有安全感的爱而产生的痛苦**；**“癔症”**对应的创伤性事件是猛烈且早熟的性亢奋，裹挟孩子的强烈情绪是**极度亢奋造成的痛苦**，即一种**难以承受的愉悦**；**“强迫症”**对应的创伤性事件是伤害或羞辱，裹挟孩子的强烈情绪是**身体承受的肉体痛苦或因自尊被伤害承受的精神痛苦**。

致病性压抑的第三种形态不是一个事件或一种情绪，而是一种**欲望**，一种想要奔向另一个人的冲动。听到“欲望”这个词，我们应该很容易联想到“另一个人”（更准确地说是另一个人的“身体”），那个我们爱着或恨着的人，那个于我们而言在情感上很重要的人。我们想要抓住这个被爱或被恨者的身体以在幻想中或肉体上满足自己，如果没有这种渴望，就没有欲望。

在此，我必须停下来强调一下，精神分析师需解释清楚的被压抑的欲望并不是一种普通的欲望，而是一种病态的、疯狂的、被童年创伤强化的欲望。

如果一个孩子受到一次重创，他会立即**激化**自己的欲望，以此进行自我防御。此时受到重创的孩子希望另一个人不仅被自己随意对待，也希望对方不能动弹、听自己的话，这样他便能压制对方，从而不会再次被对方伤害。**对受到创伤的孩子来说，保护自己不再受到伤害是最重要的。**

为了自我防御，孩子试图做出之前发生在自己身上的事情。我称这种现象为**创伤后堕落**，通常在创伤发生好几年后，这种堕落才得以证实。在实际生活中，即表现为曾经的小孩长成有着凶残行径的青少年或成年人。换一种说法，遭受创伤时，人的超我受到损伤，甚至被摧毁，以至于其道德与良知被削弱。

说到这，我想起自己曾经为一个 5 岁的小女孩提供咨询，她反复在幼儿园掀起自己的裙子，向同学“展示她的屁股”。她的父母非常担心孩子。第一次进行咨询时，我了解到我的小来访者患有唇腭裂，自出生以来已经做了 6 次手术。因此我理解了她，她将她之前经历的这些手术视作严重且持续的创伤。我由此推断，小女孩的暴露癖行为是创伤摧毁了她刚出生的超我的结果。你们想象一下，她被扎了多少针，术后承受了多少痛苦，又在医院的房间里独自度过了多少个夜晚啊！毋庸置疑，这个孩子为了自我防御，发展出一种反常的暴露癖行为。创伤是她的堕落之源，这一理解大大帮助我解释我的小来访者内心反常的无意识幻想，并且卓有成效。经过 3 个月的治疗，小女孩不再有暴露癖行为，成功重返校园。

受过创伤的孩子所防御的怪物般邪恶的欲望也是一种内在威胁，主体必须压抑这股欲望，于是便有了被压抑的欲望，而精神分析师则必须从他们身上赶走这头“怪物”。

在此基础上，我们现在可以问问自己：患有恐惧症、癔症或强迫症的患者身上被压抑的欲望分别是什么？如果儿时的创伤是抛弃，那么未来患上恐惧症的孩子身上燃烧的防御性欲望就是把另一个人永远留在身边，让他不得动弹，以防自己再次被抛弃。因此恐惧症患者压抑的欲望是**吞食的欲望**。

当儿时受到的创伤是性亢奋时，后来患有癔症的孩子身上燃烧的防御性欲望是让另一个人兴奋，再让他失望，如此令其始终处于不满和期待的状态，从而控制住他，以免自己再次受到创伤性侵犯。假如癔症的欲望会说话，它会承认："我想成为我爱的人的毒药，一种让他失望的毒药，始终让他得不到满足。我可以让他一直透不过气，从而压制住他。"因此癔症压抑的欲望是**让别人得不到满足的欲望**。

倘若儿时受到的创伤是身体上或精神上的伤害，那么未来患上强迫症的孩子身上燃烧的欲望就是控制和压迫对方，直到对方任自己摆布的欲望。因此强迫症患者压抑的欲望是**让别人臣服直到摧毁对方的欲望**。

最后，致病性压抑机制不仅包括事件、情绪和欲望，还包括**幻想**，即致病性压抑的第四种形态。幻想是什么？它是一幅场景、一场小型戏剧、一套画面模糊的动作。主体不能看清其中所有的细节，只能看到强烈的动作和姿势组成的行动。但这幅场景可以在想象中满足我们刚刚研习的欲望。

我们已经指出致病性压抑的四种形态。在此，我们做个小结，致病性压抑是指来访者极力想埋藏于自身的东西，而且他自己并不想知道埋藏了什么。这四种形态分别是：童年或青春期发生的创伤性事件或一系列的创伤性微事件、创伤情绪、欲望、幻想。这些就是具有无意识意义的四种心理实例，每当我们解释来访者这样或那样的表征，都必须解释其无意识意义。因此面对一个症状，我们总会想到来访者藏匿的那个受到创伤的孩子。就好像在我们的来访者的无意识里，他扮演了两个相互对立的角色，一个是被怪物伤害过的孩子，另一个是为了自我防御而想伤害别人的孩子。因此，基于来访者的这些表现，我们尝试回溯时光，定位到儿时曾撼动来访者的事件和情绪，并发现他当下所拥有的欲望和幻想。只要我们没能找到综合他所有无意识压抑（创伤、情绪、欲望）的幻想，我们就无法理解来访者的人格。的确，无意识幻想就像一部病态小说，它生于创伤，从混乱的儿童时期就开始掌管来访者，主体在无意识幻想中轮番扮演受害者和加害者这两个对立的角色，始终保持着一种张力，这就是来访者的策略，他一会儿偏向加害者的强大力量，一会儿则偏向受害者的弱小无力。

如何解释一种症状

现在我想为你们描绘一下一位精神分析师进行解释时的心路历程。他从呈现在他面前的**直接资料**开始进行解释。直接资料是来访者客观呈现在精神分析师面前的东西。咨询过程中，来访者会呈现无数鲜活的表征，其中我们把凭直觉单独隔开的表现、同时也是我们进行解释的突破口称作直接资料，这种直接资料具有以下三个特点。

- 它是一种**不自主的表现**，让主体不知为何感到惊讶，是一种超越了主体自身意愿和自身知识储备的表现。一个常见的例子就是梦中出现的一幅混乱场景会让来访者感到困扰和疑虑。

- 它是一种**病理性的表现**，让主体承受痛苦，并在主体的生活中反复出现。最有说服力的例子就是来访者反复出现令其感到痛苦的病症，以至于要进行心理咨询。别忘了，症状的固有特性就是会复发。

- 它是一种**可转移的表现**，因为它突然出现在治疗的框架内，也就是说在来访者与精神分析师之间的一段充满信任、尊敬、柔情或仇恨的关系中产生。如果想让来访者接受精神分析师的解释并让解释产生有益的效果，这段关系不可或缺。

那么，现在精神分析师应该解释直接资料（例如来访者的症状）了。如何开展呢？解释症状意味着与来访者沟通我们认为的无意识意义。我们以一位母亲为例，她向我哭诉，对自己粗暴不公地责打儿子负有罪恶感。那么提供给我的直接资料就是，一位母亲因为伤害了自己的所爱之人而感到痛苦。对此，我的第一反应是圈定事情的每个细节。她什么时候责打了儿子？在何种情形下？在家里的哪个房间？当时除他们以外还有其他人在场吗？她以怎样的方式打的？她的儿子有什么反应？同时我还会记录这位母亲发怒的频率。当然，我不会直接向来访者问出这些问题，而是会先把问题搁置一会儿，直到咨询过程中来访者自发地进行倾诉或者我按照一定分寸引导她讲述。然而圈定事情的细节只是精神分析师面对病症时的第一心理反应。精神分析师还需抓住核心，即来访者行为的无意识意义。什么是无意识意义？它包括让来访者愤怒并感到罪恶的**幻想**、幻想场景背后的**欲望**以及让欲望产生的**童年创伤**。这就是精神分析师必须串联的因果链条，有时这甚至会成为无须思考就做出的惯性动作：**在症状背后，他找到了幻想；在幻想背后，他找到了欲望；在欲望背后，他找到了创伤。**显然，这样一个链条的各个环节永远不会是割裂的，精神分析师也仿佛形成了一条完整思维链。如果现在以那位母亲为例，我们从中推演出的她的愤怒背后的无意识幻想很可能是她自己的父亲曾经对她使用暴力的场景。

我们还能推断出幻想背后的欲望是伤害所爱之人的欲望。此外，我想起之前几次咨询中，她还痛苦地回忆起，当她还是小女孩的时候，曾经看到暴怒的父亲对哥哥拳打脚踢的可怕场景。也就是说，针对来访者向他人施加暴力的行为时，我们要在合适的时机，通过小小提示和让人容易接受的语言，告诉对方我们**重构**出来的能解释其强迫行为的无意识动机。

说明性解释和创造性解释

我在上文用了“重构”这个词，事实上这个词我之前在定义倾听过程的第二步——**理解**时已经用过。比如，我对之前案例中那位责打自己儿子的母亲的愤怒的解释，是从症状（直接资料）到创伤（原始事件）进行一次理论重构的结果。因此，不同于之前我在“黑衣人案例”中提出的解释，我向这位母亲提出的解释是一次逻辑推理的成果，而“黑衣人案例”中的解释并不是推理的成果，它来自内在心理倾听，是我通过完全沉浸于我自己的**“工具性无意识”**得出的。二者之间有很大的差别，我想在这里强调一下：一个是基于理论重构得出的解释，另一个是精神分析师完全沉浸下来，在自己的内心捕捉分析对象的无意识后提出的解释。我们由此找到了通过两种截然不同的方法得到的解释，一种是经过推演、完全理性的解释，精神分析师处于无意识之外；另一种是通过内在心理沉浸得出的完全感性的解释，精神分析师容纳了无意识。第一种解释，被我们称为“**说明性解释**”，通常以向来访者进行解释说明的形式出现，此时精神分析师用自己的头脑与逻辑说话。因此，说明性解释是思索的成果。而第二种解释，被我们称为“**创造性解释**”，它是精神分析师如灵光乍现般说出的一句话或做出的一个动作，此时精神分析师用自己的**“工具性无意识”**说话。因此，创造性解释是内在心理沉浸的结果。

在第一种解释里，精神分析师说明无意识，而在第二种解释里，精神分析师再造无意识。这两种干预互相补充，说明性解释是达成创造性解释的条件。假如没有对来访者无意识幻想的理论重构（用纸笔推演），精神分析师就不具备进行内在心理沉浸并让自己创造性的**“工具性无意识”**说话的条件。

但无论这两种解释中的哪一种，都具有相同的治疗效果：来访者通过模仿逐渐进入自身，找出对自己的负面印象，调整它并与自己达成和解。我认为他会达成与自己的共情。我们可以换种方式描述这件事：解释须达成的显著效果是柔化超我直到让它与自我和解。

如果现在我们从解释的内容转换到解释的“包装”，以下便是我们的发现。在我们向来访者传达的意思之外，对方不仅能感知我们语言的简洁、声音的温度、信念的坚定，还能在无意中巧妙捕捉我们内在的宁静。

换言之，我们不仅解释来访者的意识并使其理解，还要解释他的无意识，使其学着用我们与他说话和相处的方式，与自己对话和相处。逐渐地，**来访者最终以精神分析师对待他的方式对待自己，并以精神分析师自我对待的方式自我对待。**

当然，这并不是要求来访者模仿精神分析师，而是让他摄取一种没有冲突的与自我的对话，获得自尊自爱的能力。

在此，我注明一下，向来访者进行解释这一工作可以在咨询过程中以不同情形开展，解释通常是碎片化且循序渐进的，很少是一口气大量进行且单一的。正如我们在前一章提到的，来访者已然知道精神分析师向他揭露的内容，并且他不知道自己已然知道这些内容。**解释，是向来访者清楚地传达他本来模糊知道的事。**现在我们也可以说：解释，是向来访者清楚地传达无意识意义，它虽然模糊，但已然成熟，变成了可捕捉的前意识。前意识其实就是还没找到合适的词来命名幻想中情绪的无意识，而找到合适的词是精神分析师的任务。**因此我们说，解释就是不断从无意识中摘下成熟的果实。**

治愈是解释的成果

平静……

“今天我不再梦到

偏激的另一个生命，

今天我不再承受

不知名的剧烈痛苦，

今天我与已然忘却的欲望

达成了和解。

今天我自由了，

我重获新生。”

一位来访者在咨询结束时写的一首诗

这是我的一位来访者在咨询结束时给我发来的小诗。我认为它恰到好处地形容了一个人从神经症中得到宽慰的感受。当我收到表达得如此动人的小诗时，除了感受与来访者共享宁静时刻带来的满足感，我还不断问自己：来访者和精神分析师是如何减轻神经症的？

每当我反思来访者的治愈之路，脑海中总会出现一个闭环。这个闭环象征着在来访者完成必要步骤前，精神分析师自己必须完成的动作。那么这套动作是什么？这个闭环又是什么？这个闭环是精神分析师潜入内在捕捉来访者的无意识幻想时最显著的标志，它还代表着来访者在治疗过程中反复不断地、一次比一次细致地进行自省，以圈出对自己的负面印象，修正它，从而调整与自己、与身边人之间存在冲突的关系。只有这样，来访者的症状才有可能消失。基于此，我们能更好地理解精神分析师在自己没有意识到的情况下，要教来访者自省到何种程度，以及来访者在没有意识到的情况下，要自我感知到何种程度。因此，精神分析可以被定义为不断更新的传输，精神分析师向来访者传输处于自己最隐秘角落的能力。我想到玛格丽特·尤瑟纳尔（Marguerite Yourcenar）写的："比起超越自我，真正的勇气更在于抵达自己。"

然而，我们必须区分自我感知的两种闭环。一种闭环中，精神分析师沉浸于自己的**“工具性无意识”**，从中捕捉来访者的无意识幻想，再回到水面进行解释，这已在此前被命名为创造性解释；另一种闭环中，来访者在精神分析师的鼓励下潜入**前意识**，从中找到对自己的过度负面的印象，意识到它并借助精神分析师的解释对它进行调整。

应通过解释调整的三种神经症中的负面印象

我们现在停下来说明一下，什么是在神经症来访者的焦虑状态和冲突行为背后灼烧的**负面印象**。

更明确地说，**“恐惧症”患者**对自己前意识里的负面印象是**脆弱的、容易受伤的**，会为一丝丝被抛弃的可能性无比焦虑。正是内心这种脆弱的感觉让恐惧症患者以一种让人难以接受的方式与伴侣相处：有时他的表现让人窒息、喘不过气，有时则相反，他表现出傲慢的自主性。伴侣只要稍稍疏远，他就觉得自己受到冷落并指责伴侣："你总是不在我身边！"对自己存在过度负面的印象（"我是脆弱的，很容易受伤"），必定会让恐惧症患者要求伴侣安慰他并给予他**充满安全感的**、永恒的、绝对的、完全的爱。

"癔症"患者对自己前意识里的负面印象是**不满足的、不被爱的**，会为一丝丝爱情方面的背叛迹象感到焦虑。正是内心这种对爱无能的感觉让癔症患者以他人无法承受的方式与伴侣相处：有时，他主动找对方却又扫对方的兴致，有时则相反，他表现出假意的温柔。他的伴侣只要对除他以外的其他人表现出一点兴趣，他就会觉得自己受到忽视并指责对方：“对你来说，我永远不够好！”对自己存在过度负面的印象（“我不满足，是不被人爱的”），必定会让瘾症患者要求伴侣安慰他，并为他提供永恒的、绝对的、完全的爱。

“强迫症”患者对自己前意识里的负面印象是**觉得自己“没用”**，会为别人的一点儿要求感到焦虑。正是内心这种无能的感觉促使强迫症患者以让人难以接受的方式与伴侣相处：有时，他是专横、咄咄逼人的，有时则相反，他表现得温柔又富有善意。哪怕伴侣只是发表了一点儿评论，强迫症患者也会觉得受到了羞辱并指责伴侣：“对你来说，我永远不够好！”对自己存在的过度负面的印象（“我没什么用”），必定会让强迫症患者要求伴侣安慰他并给予他无穷的**爱慕**和永恒、绝对、完全的**认可**。

以上便是三种神经症患者模糊地自我感知出的对自己过度负面的印象，同时也是他们出现焦虑以及人际冲突的根源。每种负面印象都应被精神分析师赶走，在向来访者说明负面印象是无意识幻想在前意识的表达的过程中，来访者扮演了受伤的孩子这一角色，伤害他的是一头邪恶的怪物，怪物曾经抛弃他（恐惧症）、不爱他（癔症）或羞辱他（强迫症）。**要明白一点：给神经症患者带来不幸的罪人并不是其对自己过度负面的前意识印象，而是塑造这一印象的无意识幻想，它才是神经症真正的始作俑者！**

在此我想提供一个有关解释的案例，在案例中，我试着向来访者阐明他对自己形成的过度负面的印象，来自 7 岁后受到羞辱的场景对他的心理造成的创伤。这是我向一位三十多岁有强迫症征象的男人所做的解释，我想一股脑地把它讲给你们听，但这次解释花了很长时间，用了好几次咨询才完成，因此我在书中只提供其中的关键部分。

“你说你没用，但你并非毫无用处。你长久以来甚至从童年时期开始就一直认为自己没用。我猜想你小时候有一位总向你提出诸多要求、施以重压的严苛父亲，以至于你内心有一种深深的焦虑，觉得自己永远达不到要求。但凡有人向你提要求，无论多么小的要求，你都感觉有一个轻蔑的指责声响起，它也许是你的父亲没有说出的话：‘你没什么能力！’这让你立即责备自己，并将此与你对自己的过度负面印象相连，认为‘我是无能的’。你知道这个由你父亲灌输的观点在你的内心深处已然结晶，形成了一幅场景。

在这个场景里你是被一个威严的、咄咄逼人的、面目模糊的人羞辱的孩子。”

我的来访者虽然学习成绩优异，但直到来访时都无法融入职场。经过这段重复多次的解释后，他成功克服了对失败的恐惧与焦虑，并融入了一家大公司的领导团队。

倘若来访者经过一次次的咨询，逐渐意识到无意识幻想正在控制、折磨他，让他认为自己是脆弱的、不被爱的或无能的，让他梦想得到不可能获得的保护、爱或崇拜；倘若来访者意识到自己的幻想，那么这种幻想就会失去它的致病性。正是在此时，我们终于看到咨询起效并且最终治愈来访者。我们明白，这样一来，失去活性的幻想仍存在于来访者身上，并且永久地塑造了他的性格，但它已不再有害。主体从幻想的羁绊中解脱，能以一种“平静”、安详的态度对待自己、对待他人、对待生活。

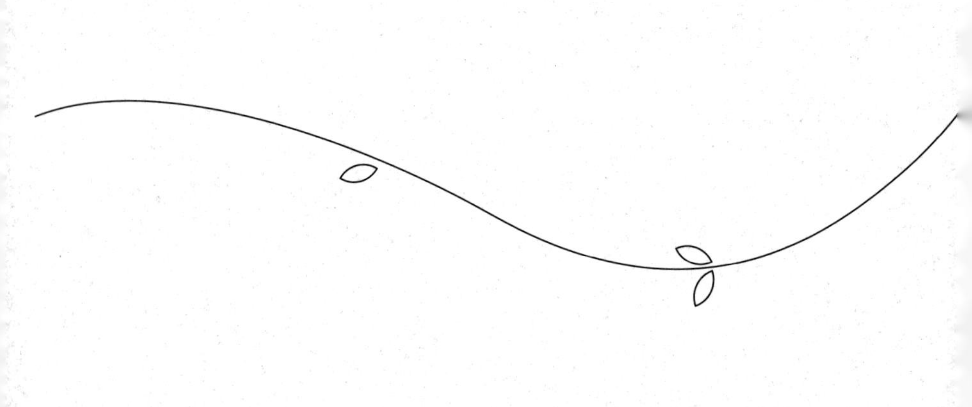

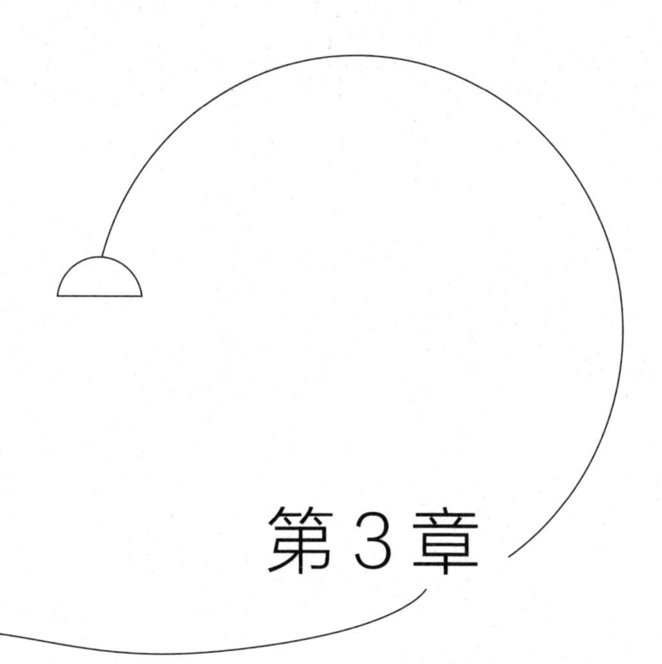

第3章

通过具体案例阐明精神分析中解释的四个新变体

一位精神分析师在青年时期有幸接受老师教导，是一个认真学习的学生，他试图将学到的理论和刚进行的实践结合起来。之后到了成熟时期，精神分析师有了丰富经验，内化了老师们的思想，不断根据最新的临床状况调整并更新理论概念。经过多年的时间，这位精神分析师发现他的实践发生了改变，需要新的理论支撑。这便是我此时的状况，因此，我向你们提出解释的四个新变体。关于精神分析的演变，我再多说一点。前面提到了青年时期和成熟时期，

但我想说发生这一演变需要满足一个不可或缺的条件，那就是精神分析师要保持纯真，保有感到惊奇的能力，不要被日常的惯性打败，变得麻木。

现在我向你们介绍精神分析式解释的四个新变体：叙述性解释、拟人性解释、动作性解释、主观性纠正。当我意识到在实际操作中，每个新变体都以不同方式引起来访者对自身态度的即时转变时，这四个新变体便出现在我的脑海里。于是我坚持将它们找出来、为之命名、加以区分并使其概念化。

除主观性纠正之外，其他三个解释的新变体的共同之处在于，它们当中无一以向来访者直接进行陈述的形式展开。

更多的是通过跨越式的、旁敲侧击式的干预获取来访者的意识而不引起来访者的抵抗。这便是它们的共同点：不会激起来访者的恐惧与对抗。这三个新变体都能让来访者温和地意识到自己压抑的情绪，有时他们甚至察觉不到这个过程。精神分析师以这种柔和的方式向来访者解释，而不是把一切强加给他。那么，怎样详细说明解释的每个新变体呢？它们之间的区别是什么？现在我们来仔细看看。

叙述性解释

叙述性解释是向来访者进行富有隐喻的讲述。在“黑衣人案例”中，我将自己视作故事里的主角，也就是来访者无意识幻想中的主要人物。

在向来访者讲故事的过程中，我带着他体验了追在妈妈后面跑的那个小男孩的感受；体验了假如他能为死去的母亲哀悼，他会有怎样的感受。相较于直接干预，告诉他之所以这样是因为没能为母亲哀悼，并以传统的解释方式对他说“你突然失去了母亲，自此以后，你便一直抗拒接受她逝世的事实”，我在直觉上更喜欢借助**“工具性无意识”**的柔软性和敏感度，用另一种方式与他沟通。于是，我自己创造了一个关于这场他本该经历的哀悼时光的寓言故事。什么是哀悼时光？哀悼时光是为了学会在爱的人离开后适应他的缺席所必须投入的一段时间。然而，**“黑衣人”**没有完成他的哀悼，没有跨越这段为逐渐适应母亲的离去而必须跨越的哀悼时光。他始终停留在 6 岁那年突然听到父亲粗暴谎言的错愕中。在那一刻，**“黑衣人”**不再继续成长，而变成了一直沉浸在哀伤中的孩子。

通过我的解释性寓言，我正好回到这悲剧的一刻。我没有将自己比作变愚钝的孩子，而是比作一个虽然受到惊吓，但找到了力量、拼命追逐消失母亲的孩子。总而言之，我找到了孩子突然承受丧母之痛的那一刻，通过隐喻，我将这一刻转化为固然让人痛苦但与人保持足够距离的时刻。总之，我的叙述性解释运用了关于哀悼的隐喻，包含正常情况下**“黑衣人”**应该完成的哀悼，这是一个有效的隐喻，因为来访者接受了我的解释，并在一次咨询时间里完成了他在此前 20 年间都没有完成的哀悼。

拟人性解释

我们现在来看看解释的对话形式——**拟人性解释**。拟人是什么？“拟人”一词源于希腊词语“prosôpon”，意指“人”。拟人是一种修辞手法，它让没有生命的死物或事物甚至是一种抽象概念化作人。因此，拟人是一种假想，它可以通过语言让逝者存活但永远不出现在人们生活中。无论如何，我们借给逝者可以说出的话语，还有一些出于叙述需要而杜撰的但显得很真实的词句。

我们现在来看看**精神分析式拟人**。它是指精神分析师干预过程中在向来访者说话的同时，赋予让来访者痛苦的无意识幻想中的**次要人物**声音。精神分析师将自己代入这个次要人物，用他的口吻与来访者说话。要知道，精神分析师不仅认同来访者意识里的感受，还认同无意识幻想中的主角——那个孩子——的感受。因此精神分析师会做到双认同：认同面前来访者的情绪，和他从前作为孩子的压抑情绪。我将这种双认同称为双共情，但我现在要增加第三种认同，也就是**第三种共情**。这不是指与咨询现场的来访者共情，也不是指与无意识幻想中的孩子共情，而是指与幻想场景中的次要人物共情。你们还记得吧，一幅幻想场景中总是有两个人物，一个主要人物代表来访者，通常是一个被抛弃、不被爱或被虐待的孩子，另一个次要人物则通常是一个成年人，通常总是妈妈。

因此，我提出如下定义：**拟人性解释**或精神分析式拟人是指，精神分析师以来访者无意识幻想中次要人物的口吻进行解释。有时精神分析师也会让幻想中的两个人物进行对话，甚至会让其中一个角色与精神分析师自己对话。

我以一次咨询来具体展现拟人性解释。一个患有恐惧症的21岁青年西里尔会定期向我咨询，他每天游手好闲。最近一次咨询开始时，他告诉我："上一次你想象我的妈妈坐在我们旁边的凳子上，你还模拟了你们两个人的对话，当时我很惊讶，走出诊室时我觉得很放松。你指向她可能会坐的那张凳子，对她说：'女士，西里尔还是一个小宝宝的时候是什么样的呀？'而在她的位置上，你回答道：'你知道吗，医生，我一直是一个很焦虑的妈妈，我担心我把自己的焦虑传给了小西里尔。他总是蜷缩在我身边，我觉得他越缩成一团，就越是被我的焦虑传染。有时候看他用大眼睛望着我，我就会对自己说糟糕，他有可能变得像我一样焦虑。'"

这段戏剧性的解释，事实上是西里尔告诉我他不想离开房间，只想继续玩游戏时我脑海中浮现的场景。我希望通过这段解释他能明白，他不想离开房间的真实原因不是他真的不想出去，而是外面的街道让他感到焦虑。在这一刻，我没有采用经典的解释方式，对他说“你感受到的恐惧是你的母亲传导给你的恐惧”，而是由我的**“工具性无意识”**中出现的场景引导我做出解释。我在场景中听到他的母亲和我说话，她心怀愧疚，觉得自己把焦虑传染给了儿子。当来访者从我这位精神分析师口中听到他死去的母亲可能会说的话时，他其实是听到了他内心的声音。这个声音不是我这个男人的声音，而是他母亲的声音，更准确地说，是他深埋心底的家人的声音，在来访时借助咨询再度响起。

通过我的拟人，西里尔感觉自己仿佛变回孩子，看着自己的母亲与精神分析师谈论自己。这个过程中到底发生了什么？如果用精神分析领域的术语来回答，那就是压抑的东西在精神分析师的话语和拟人性解释的吸引下浮出水面。现在我们明白了，精神分析师并没有佯装自己和那位母亲有相同的音色，以此假装自己是那位母亲，而是通过自己的声音在来访者身上激起一种他以前从未清楚感受过的情绪。哪种情绪？是感觉自己和母亲分担了同一种无声的、亲密无间的焦虑的情绪。

请注意，精神分析师要想实现拟人性解释，需要满足以下三个条件。

第一个条件，十分**了解**来访者的症状和情况。

仔细**观察**来访者的姿态，包括手势、动作和面部表情，比如我从第一次见面起就察觉到西里尔充满畏惧的眼神。

第二个条件，从发现明显的细节开始，**想象**来访者与他的一位亲近之人交往的场景。

第三个条件，正是在此时，精神分析师感觉自己**沉浸**于自身，从而感知到无意识场景并与来访者保持接触。于是在想象过程中，他在心理上扮演了来访者亲近之人的角色，切身体会到此人面对来访者时的感受，他饱含赋予想象中的人物的情绪，同时，也赋予这一人物声音，同来访者对话。

动作性解释

在解释的第三个新变体中，精神分析师不仅要说话，还要从椅子上起身，向来访者模仿无意识幻想中的戏剧性动作和姿势。但有时，精神分析师不模仿这些动作和姿势，而模仿来访者出现症状时的样子。

提及对症状的**动作性解释**，我想到了弗朗索瓦的案例。他是一位患有强迫症的年轻人，每晚习惯性地弄断窗户把手，以此确认窗户关好了。他把窗户关得严严实实的，以此确保不会有任何人进入房间。我对那次咨询过程印象深刻。弗朗索瓦坐在我对面的椅子上，向我详细地描绘自己每晚必做的举动：他走向客厅的窗户，用力关上它并习惯性地拧断把手，一旦确认窗户关好了，他便安然地躺到床上，完成其他的强迫性动作。在这里，我的目的不是展示这位年轻来访者的强迫行为，而是展示精神分析师的工作方式。弗朗索瓦回答了我提出的有关每晚做出强迫性动作时具体情景的问题，并向我描绘了他必须完成的固定动作，之后，我从椅子上站起来，走向诊室里挂着的一幅画，向他假设那是一扇窗户。请你们设想一下那个场景：我是站着的，弗朗索瓦仍坐在椅子上，他转向我，看着我的动作。我一直站在画前，向“窗户”伸出我的手臂，拧了一下假想的把手，然后问他：“所以你是像这样拧把手关窗，直到把它拧断的，是吗？”他非常专注地看着我的动作，回答道：“不是的，完全不像这样！”我吃惊地看着他，回问道：“怎么会不是这样？那你是怎么做的呢？”他解释说我的手部动作确实与他一样，但他从来不会面向窗户站着。关窗时，他会站在窗户侧面。再次强调，他一直是坐着的，而我是站着的。于是我又问他：“你是怎么关的呢？为什么要站到旁边？为什么用这么不舒服的姿势拧把手？站在旁边可太不方便了吧！”他立即回答：“因为我绝不会背朝后方！我怕被人从后面刺杀。”

我错愕地继续问道：“从后面刺杀？怎么会呢？你已经关好窗了，不会有人进来。屋子里只有你和睡在楼上的母亲，你还怕什么呢？”他沉默了，而我不用听他说就明白，他幻想中的母亲，那个他言听计从的母亲，已化作一头残暴的“怪兽”。这时，我只对他说了一句意味深长的话：“除了你的母亲，我看不到其他任何可以威胁你的人。”我向你们讲述这段插曲是为了向你们证明，如果我没有从椅子上站起来模仿他的症状，我就永远不会想到在弗朗索瓦的强迫症幻想里，他母亲的形象既是最爱的人，也是最危险的人。

这样你们便能明白：**通过模仿来访者出现症状时的样子，我无意中凸显了让症状潜藏的无意识幻想**。这也是为什么我们可以确信我的动作性解释的确是一种精神分析式解释，同时还是一种有效的解释，因为弗朗索瓦一年后完成了治疗，从如此严重的神经症中解脱。得益于像动作性解释这样具有跨越性的有效干预，我才能顺利陪伴这位来访者，与他一起让他的病症消失。

主观性纠正

主观性纠正是什么？它是指精神分析师用语言总结第一次谈话，并从一开始便确定治疗的主轴线。通常这些总结性话语会在几年后的最后几次咨询中重新在来访者的记忆中浮现。精神分析师向他还不熟悉的来访者概述来访者在谈话中理解的内容，并进行修正（正是这一步被称为**纠正**），纠正来访者错误的自以为的症结。我们由此可以想到，在第一次见面的最后，理想的结果是精神分析师的干预从此修正了来访者对自身烦恼形成的错误解释。

我们以塞里日为例，他是一位因身患抑郁症来找我咨询的来访者。他认为自己的现状是工作过于繁重造成的，认为自己是因为在工作中把所有精力消耗殆尽，所以才会陷入抑郁。因此与很多来咨询的高管一样，他给自己的痛苦贴上了职业倦怠这个“流行”的标签。在询问完他自青年时期以来经历过的抑郁障碍后，我惊讶地发现，他如今强大又不可侵犯的姿态和他在儿时受到惊吓的眼神以及脆弱的姿态有巨大反差，于是我建议他从不同的角度考虑自己感到痛苦的根源。

我告诉他，他的抑郁是他过去深度焦虑的现时表现。我还告诉他，与其说他是一个抑郁的人，还不如说他是一个从童年时期便开始焦虑的人，被公司辞退的他把这次裁员看作一场爱的撤退。在谈话结束时，我对他说，自儿时以来，他的主导情绪就是焦虑，他害怕不被爱，害怕别人的爱无法让他感到安慰，而他如今的悲伤只是害怕不再被爱的焦虑所产生的泡沫。他内心对于失去爱的恐惧如此强烈，以至于长久以来只要有一点迹象让他觉得自己会失去爱，他便会消沉而沮丧。这里再次强调，焦虑和悲伤的区别在于，焦虑是害怕失去爱，而悲伤是感觉自己已然失去爱。在这位来访者身上，焦虑是他人格的基调，至于他的抑郁性悲伤，不过是一次被他视作丧失了爱的裁员所引起的反应。来访者以为他的抑郁源于过度劳累，而实际上他是因为觉得自己丧失了爱才变得颓丧。并不是所有被辞退的高管都会陷入抑郁，那些需要在情感上得到安慰、将裁员视作被抛弃的高管很可能会这样。

简而言之，我的主观性纠正的灵感来自谈话结束时脑海里清晰浮现的想法，它会随着来访者的讲述在我心里震颤，而我此前从没意识到它。我用以下方式对它进行解构（见图 3-1）。

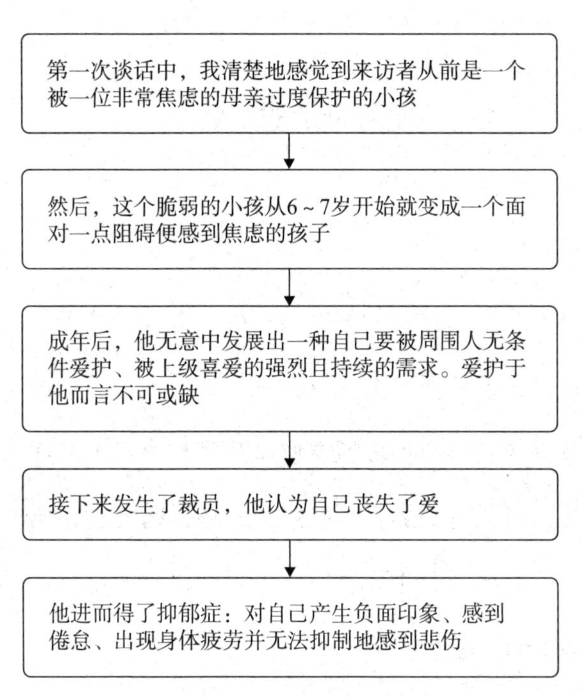

图 3-1　解构想法

照看母亲的小婴儿

还有另一个令人惊奇的案例，它与一次成功的主观性纠正有关，这次的咨询对来访者产生了强烈的治疗效果，来访者只接受了一次咨询后便缓解了病症。当然，不是所有主观性纠正都能有如此立竿见影的效果，但我还是想与你们分享这一独特的临床经验，因为它很好地展示出精神分析对来访者的疗愈作用。

克拉拉是个 10 个月大的小婴儿，被她妈妈带过来进行咨询。她的身体很虚弱，脸色苍白，对一个小婴儿来说这并不常见。她的小身体毫无活力，她既不吃东西也不睡觉，每天只勉强睡 3 小时。她的母亲告诉我，她已经带着女儿看了好几个儿科医生，都没有用。她说以前女儿经常哭，但从不久前开始，她不哭了，也不睡觉，总是把眼睛睁得大大的，眼神充满悲伤。在第一次谈话中，小婴儿既没有动作也没有表情，身体陷在妈妈的双腿上。

过了一会儿，我问那位母亲她夜里睡不睡觉，她答道："我睡得很少，医生！克拉拉没睡，我怎么能睡呢？"而我继续探究，接着问："在睡觉的那一小段时间里，你睡得好吗？"那位母亲犹豫片刻，然后回答道："其实有一件恐怖的事。只要我一睡着，我就会马上被一个噩梦吓醒。我梦到我的姐姐在我面前站着，她在哭，还在和我说话，就像幻觉一样。”我问她怎么会这样。她说：“我的姐姐 8 个月前因为悲伤过度自杀了。从我生下小克拉拉，这个幻觉每晚都出现在我的梦里。”说到这里她开始抽泣。

我看着哭泣的母亲，转向小婴儿，相信刚才的话她都听到了，我对她说：“你知道吗，克拉拉，我明白你为什么不睡觉了。你不睡觉是因为你觉得你的妈妈很危险，你想保护她。但现在我知道她为什么哭了，我向你保证，我会照顾她。由我来照顾她的悲伤情绪。你放心吧，你能安稳地睡觉了！”听到我的话后，小婴儿把头转向我，向我投来心领神会的目光。她的眼睛不再像咨询开始时那样黯淡无光。克拉拉的身体好像恢复了活力，她站了起来，蹭了蹭她的妈妈，把头靠在妈妈的手臂上，姿势很舒缓、很放松。

当然，婴儿无法理解语言的含义，但能听懂语言中的情绪，而那时我的声音是坚实又充满抚慰的。

三天后，当我再看到她们时，小婴儿已经变得和之前不一样了，她的妈妈也发生了改变。怎么会这样呢？我的主动性纠正减轻了小婴儿的负担，我对她说我会照顾她的母亲，这帮她卸掉了“照顾母亲”这一对她来说不可能完成的任务。在此之前，克拉拉没能得到母亲的支持，因为她的母亲完全沉浸在自己的悲伤中，已经不再抱着她了。小婴儿过多地独自面对一些事，她只好去做超出她能力范围的事，去保护母亲。这样做不仅出于爱，也出于求生欲：她需要重新找回拥抱她的坚实手臂。克拉拉付出了“超人”的努力，持续守夜已让她筋疲力尽。我感觉克拉拉虽然处在口欲期的年龄，但已经过早地进入了下一个阶段——孩子可以独自站立的肛欲期。绝望的克拉拉想要成为母亲的母亲，去照顾她，这对于她这样婴儿来说是过于艰巨的事情。通过对她说出感人的话“由我来照顾她的悲伤情绪。你放心吧，你能安稳地睡觉了”，我实际上给予了她再生的动力，告诉她“回到你自己，重拾婴儿的天真，好好休息吧”。

我是怎么想到这些话的呢？我是怎样突然实现主观性纠正的呢？在看到那位母亲泣不成声时，我就认识到小婴儿想伸出双臂拥抱脆弱的母亲，她想成为自己母亲的母亲。然而，我的理解并非经过深思熟虑得出的，它灵光一闪般出现在我脑海里。那一刻，我并没有找到小婴儿悲伤和失眠的原因。

直到听到母亲的抽泣声，看到她因为姐姐的死如此悲伤，我突然自发地看向小婴儿，集中精力感受小婴儿无形中感受到的紧张和痛苦。那时我感受到了什么？我感觉克拉拉无意间觉得自己的身体是瘫痪的、紧缩的、向前伸的，急着重新找回母亲那不再抱着她的手臂。我甚至想象到，这是一个失去了母亲的臂膀、背部被粘住的奇怪身体，克拉拉失去了自己的背，她的背通常都固定在母亲的臂弯里。事实上，我想象中的这个身体与属于一个悲伤的小婴儿的、没有任何活力的身体截然相反，这个高度活跃的身体属于一个压力过大的小婴儿，她拼命想要完成超出自己能力范畴的任务。在我面前，我看到的是一个消沉的小婴儿，但在我的内在心理倾听中，我看到了一个身体高度紧绷、始终向前伸的小婴儿的形象。可以从中看出，在内在心理倾听中，无意识幻想里的身体和咨询室中出现的这个小婴儿的身体截然不同。

在本章的最后，我建议你们对我上面介绍的解释四个新变体中的每个新变体进行概括。我们通过**“黑衣人”**定义了**叙述性解释**：精神分析师认同无意识幻想中的主要人物，并以故事的形式讲给来访者。

我们通过**西里尔**定义了**解释性拟人**：精神分析师认同一个不在场的人，认同来访者无意识幻想中的次要人物，并让这个人物说话。

我们通过**弗朗索瓦**定义了**动作性解释**：精神分析师通过模仿演示无意识幻想中的主要动作。

我们通过**塞尔日**和**克拉拉**定义了**主观性纠正**：精神分析师在第一次谈话中纠正来访者对其咨询的病症赋予的意义。

用一句话来概括，在叙述性解释中，精神分析师认同幻想中的主要人物，采用讲故事的形式进行解释；在拟人性解释中，精神分析师认同幻想中的次要人物，以对话的形式进行解释；在动作性解释中，精神分析师认同幻想中的动作，用语言和肢体重现幻想中的动作；在主观性纠正中，精神分析师认同幻想中的主要人物，用语言总结第一次谈话并展开疗愈空间。

要强调的是，解释的四个新变体都属于**创造性解释**，其创造性来自它们的起源以及它们在作用于来访者时产生的变化。之所以说创造性来自它们的起源，是因为它们从精神分析师的内在心理倾听中自然生发。它们总是无法预知的，是随着精神分析师的表达而被创造出的语言和动作。虽然思考是进行即时解释的必要条件，但这四个新变体既不是提前设想出来的，也不是提前计划好的，甚至没有经过任何思考。精神分析师不知道的是，创造性解释于无声处酝酿，等到时机合适时会突然出现。**精神分析师要想勇敢地让自己的“工具性无意识”说话，还需干劲十足，用理论的泥土滋养自己的思想。**

我之所以肯定这些解释是创造性的，也是因为它们在来访者身上引发的改变。这里先让我们探讨一下，什么是创造。

创造是用旧的因素组合成新的东西。这正是精神分析师所做的，即用来访者已有的东西，既不增加也不删减地组合出新的东西，引导他调动所有的潜藏能力。

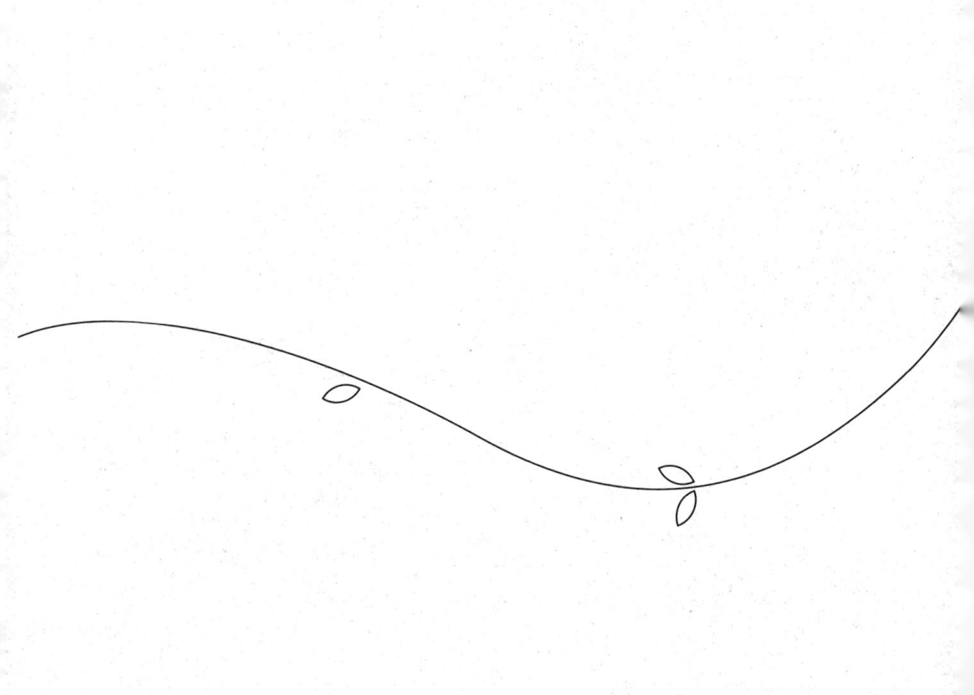

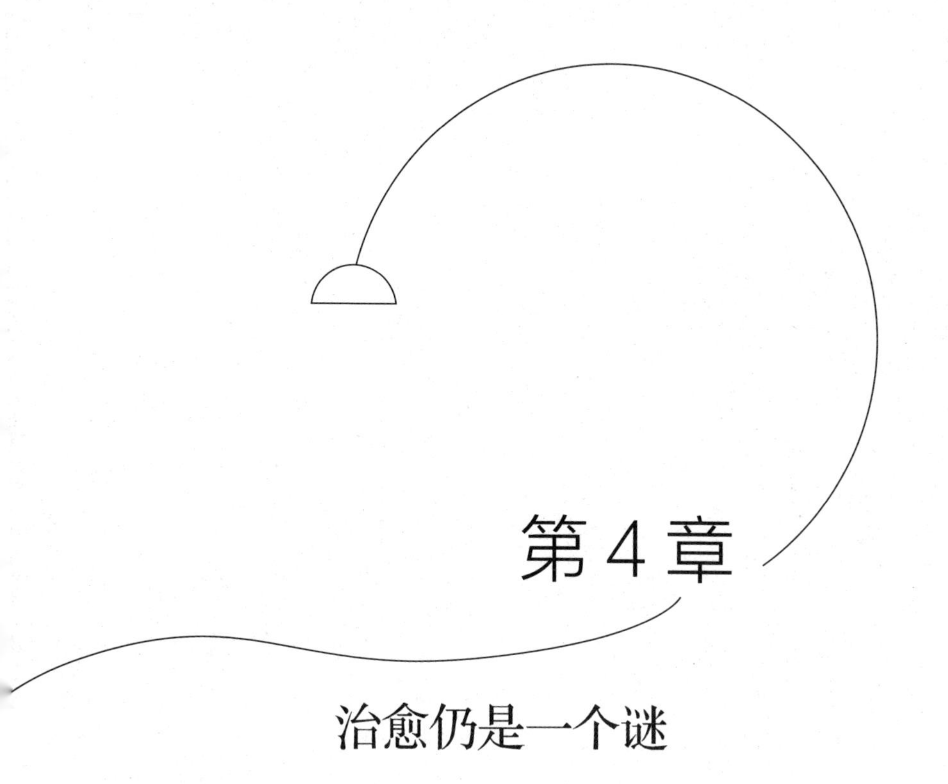

第4章

治愈仍是一个谜

如何知道来访者是不是真的被治愈了

我们来到了治愈之路的终点，在此，我想回答“如何知道来访者是不是真的被治愈了”这个问题。当然，没有来访者会完全被治愈，而精神分析像其他治疗方法一样，并不能治好所有的来访者，也不能完全治好病症。一部分无法减轻的痛苦始终存在，它是生命中固有的，于生活而言也是必要的。毫无痛苦地生活不是在生活。

这里我列出了一些可以证明来访者已不再是来访者、已得到治愈的标志。来访者本人在心理上得到了改变。更具体来说，是什么改变了呢？回答这个问题时，我想到的是所有完成了精神分析的来访者，他们也乐于参与这个过程。

- 得到治愈的来访者客观承认自己的缺点，同时重视自己的优点。他认为自己既不是最渺小的人，也不是最伟大的人。

- 他开始爱自己本来的样子，重新出发的他对周围的人和与自己类似的人更宽容。精神分析师的任务不是让人们回归正常生活，而是帮助人们开展没有冲突的内心对话，并让人们重拾对生活的期盼。

- 他明白了有所失去并不意味着失去一切，人只要还活着，就永远不会失去一切。明白了这点，能让他跨越人生中不可避免的考验。

- 他不再觉得像孩子一样玩耍是可耻的，他察觉到作为一个成熟的男性或女性，要允许自己在任何想要的时候如己所愿地回到童年，并且不对此感到羞耻。**治愈，便是爱上我们曾经是，并且一直住在我们心中的那个小孩。**

- 不管男人还是女人，都不再为自己的依赖感到困扰。他不会因为自己服从了规定，执行了上级的命令，或者接受了配偶的指令，就感觉自己被驯服或被侮辱。认为像孩子一样玩耍是可笑的，或表现出依赖是可耻的，正揭露出神经症患者还未被治愈。我总结一下这两个标志：

被治愈了，就是会无惧于像孩子一样玩耍，也不会因为有依赖感而感到羞耻。

- 他有能力管理关系里的冲突，有能力与他人达成共识或作出妥协、照顾所爱之人、内心带着爱，甚至照顾与自己处境相似的人。

- 即使有时会感到焦虑、生气或嫉妒，他也会感觉自己的内心是和谐统一的。他能在内心让爱与恨、勇敢与怯懦、慷慨与自私、耻辱与骄傲以及许多其他相互对立的矛盾体和冲动共存。

- 他明白问题的症结并不在于发生的事件，而在于处理事件的方式。

- 面对恼人的事情，他的偏激情绪变少了，能更快速地恢复平和，因为他知道没什么是绝对的，人身上总会有意想不到的能力。**被治愈，就是知道如何面对意料之外的事情——无论是多么大的悲剧——并且能恢复行动力。**

治愈仍是一个谜

以上就是我想告诉你们的关于精神分析和治愈的内容。现在，我结束了同你们一起进行的思考，但还想与你们分享一个归结了本书中所有问题的疑问。

或许此刻我们还不明白为什么来访者的情况有了明显改善，还不理解虽然我们没有固执地寻求治愈，但我们已经做了一切应该做的。实际上，我们严格遵循了从神经症到治愈的治疗过程。

还记得吧，那就是**“观察”**；与来访者一起对引起他不适的根源建立起**“理解”**；由**“内在心理沉浸”**带领来访者在治疗过程中反复**“回归自身”**，这是非常有益的回归。精神分析师通过回归自己的内心，帮来访者开辟了回归自身的道路；随后，向来访者**“沟通”**他被压抑的情绪，使他**“消除对自己的负面感受”**；并不断**“减轻自己的症状”**。最后，在治疗终期，精神分析师见证来访者**“非常积极且乐观地”**融入自己的生活。这便是精神分析师和来访者一路走来共同遵循的治疗过程，这使来访者的病情有了显著改善，但我还没有告诉你们，什么是治愈的终极动力。

我们必须毫不犹豫地肯定“治愈”的存在，虽然治愈对精神分析师来说还是一个谜。精神分析理论只是一种积极的尝试，在与来访者最后一次见面，看到来访者最终轻松走出咨询室时，每位精神分析师都要试着回答向自己提出的问题。这是我们与来访者最后一次握手，咨询室的门在他身后关上，来访者不再是来访者，这时我们向自己提问：究竟发生了什么让他现在变好了？在每次成功治愈来访者后，我总会问自己这个问题，但却不知道该如何全面回答。

我提议用以下这句格言总结全书：**“我用我作为精神分析师的无意识竭尽全力地倾听来访者，但最终治愈他的却是一种未知的力量。”**